基于动态响应时域数据的钢结构损伤识别方法

韦灼彬 高屹 吴森 曹军宏 著

国防工业出版社

·北京·

内 容 简 介

本书以大型复杂结构的结构健康监测技术研究为背景,以钢结构平台为研究对象,重点研究基于结构动力响应时域观测数据的损伤识别方法。主要内容包括:基于小波分析的损伤识别方法、基于 AR 模型系数的损伤识别方法、基于振动传递率的损伤识别方法,并针对这些方法的不足,探索性地在传统方法中加入多元统计理论,对原方法加以改进,并对其有效性进行了验证。

本书可供从事结构健康监测研究的技术人员阅读参考,也可作为土木工程、船舶与海洋工程学科专业教师与研究生的参考用书。

图书在版编目（CIP）数据

基于动态响应时域数据的钢结构损伤识别方法/韦灼彬等著. —北京:国防工业出版社,2019.9
ISBN 978-7-118-11884-1

Ⅰ.①基…　Ⅱ.①韦…　Ⅲ.①钢结构—损伤—识别
Ⅳ.①TU391.03

中国版本图书馆 CIP 数据核字(2019)第 176000 号

※

国防工业出版社出版发行
(北京市海淀区紫竹院南路 23 号　邮政编码 100048)
三河市众誉天成印务有限公司印刷
新华书店经售
*
开本 710×1000　1/16　插页 2　印张 9½　字数 165 千字
2019 年 9 月第 1 版第 1 次印刷　印数 1—1500 册　定价 78.00 元

(本书如有印装错误,我社负责调换)

国防书店:(010)88540777　　发行邮购:(010)88540776
发行传真:(010)88540755　　发行业务:(010)88540717

前言

　　鉴于结构动态响应时域观测数据获得方便、包含结构信息丰富、易于实现在线监测等优点,本书以钢结构平台为研究对象,重点研究了基于结构动力响应时域观测数据的损伤识别方法,主要包括基于小波分析(WA,也称为小波变换)的损伤识别方法、基于 AR 模型系数的损伤识别方法和基于振动传递率的损伤识别方法。针对这些方法的不足,探索性地在传统方法中加入多元统计理论,对原方法进行了改进,取得了较好的效果。具体内容包括以下四个方面:

　　(1) 阐述了基于小波分析的损伤识别方法的理论基础、方法分类、发展以及应用等。通过数值算例分析了基于小波分析的损伤识别方法对结构损伤的敏感性,并引入虚拟脉冲响应函数增强了该方法对激励荷载的鲁棒性,最后将改进后的小波分析损伤识别方法用于对钢框架结构进行损伤识别,有效地识别出该结构两种模式的损伤。

　　(2) 提出了两种基于多元统计理论和小波分析相结合的损伤识别新方法,以降低环境温度对损伤识别结果的影响,增强结构健康监测系统的可靠性。主成分分析和小波包节点系数能量谱法,是对观测数据进行主成分分析,认为环境温度影响观测数据变化的前几阶主成分,则可通过去除这几阶主成分,利用观测数据的主成分残差进行小波分析来减小环境温度对损伤识别结果的影响;因子分析和小波包能量谱法,是对损伤指标进行因子分析,认为环境温度是影响损伤指标变化的主要因子,去掉这些主要因子,其残差变化即能反映结构损伤的具体信息。最后通过两个钢结构平台数值算例对这两种方法分别进行了验证,结果显示两种方法都能有效地降低环境温度对损伤识别结果的影响,其中第二种方法效果更好。

　　(3) 提出了一种基于结构加速度时间序列的损伤识别新方法。首先,获取结构在无损伤状态下的加速度数据并进行分段,以各段数据的 AR(Auto-

Regressive)模型系数向量作为结构的参考状态样本。将未知状态的加速度 AR 模型系数向量分别加入参考状态样本中,构成多个原始数据矩阵。其次,对这多个原始数据矩阵分别进行主成分分析得到前两阶主成分,并建立相应的椭圆控制图,以前两阶主成分在控制椭圆中的分布情况来判别结构是否存在损伤。最后以钢框架结构模型实验为例识别结构的两种损伤模式,结果显示,此方法能够准确、直观地识别结构是否存在损伤,相对于马氏距离判别法具有更强的稳定性。

(4) 提出了基于振动传递率和主元分析相结合的损伤识别新方法。首先,通过一悬臂梁数值模拟实验验证了结构振动传递率具有可重复性、局部损伤敏感性的特点,可利用其进行损伤定位。其次,通过主成分分析对振动传递率进行降维,可有效地降低振动传递率的高维特性所带来的分析困难。主成分分析结果显示,其前 10 阶主成分包含了原始数据的绝大部分信息,利用其前两阶主成分建立椭圆控制图和余下的 8 个主成分建立 T^2 控制图,通过统计出现奇异点的控制图的个数来判别结构状态,并用此方法成功识别了一个钢框架结构模型的三种损伤模式。最后,引入振动传递率的累积变化量来识别结构损伤位置,损伤识别结果显示,此损伤指标能够很好地识别结构单一位置的损伤。

作者课题组开展大型复杂结构健康监测技术研究形成了本书的主要理论成果,并将理论成果进行了工程应用。研究工作得到了科研项目"大型复杂结构健康监测技术及应用研究"的资金资助,在此表示感谢。

限于作者水平,书中难免存在一些缺陷甚至错误,敬请专家和读者批评指正。

作者

2019 年 6 月

主要符号说明

a、b	小波函数尺度参数、平移参数
conj	共轭
diag	对角矩阵
$\boldsymbol{u}$	矩阵特征向量
$\boldsymbol{e}$	单位正交向量
DSF	损伤敏感特征
ERV	能量比变化
$E(\boldsymbol{X})$	求向量 $\boldsymbol{X}$ 的期望
FA	因子分析
$H(\omega)$	虚拟频率响应函数
NID	正态分布
SNR	信噪比
TAC	振动传递率总体变化量的相比比值
UCL	控制上限
$\text{Var}(X)$	求向量 X 的方差
dB	信噪比单位分贝
AR	自回归模型
AIC	信息准则
PCA	主成分分析
MA	移动平均
ARMA	自回归移动平均

I	单位矩阵
L	因子荷载矩阵
M	质量矩阵
C	阻尼矩阵
K	刚度矩阵
λ	矩阵特征值
ε	残差
∂	求导
μ	均值向量
η	损伤程度
σ	标准差
$L^2(R)$	平方可积空间
D_{Mh}^2	马氏距离
$N_P(\mu_i, \Sigma_i)$	P 维正态分布

目录

第1章
绪　论

1.1　研究背景及意义

　　大跨桥梁、大型体育设施、高层建筑等重大工程结构的建设是社会发展的标志,这些结构通常服役几十年甚至上百年,在服役过程中不但要承受环境的影响(如风吹、雨淋、温度变化、湿度变化),遭受灾害的摧残(如地震、海啸、冰冻等),还要经受人为的破坏(如超载、撞击)。此外,设计不合理、施工质量差、设计标准低等问题也随着服役的过程逐步出现,而且随着服役时间的增长,环境侵蚀、材料老化,以及荷载的长期效应、疲劳效应与突变效应等灾害因素的耦合作用,将不可避免地导致结构与系统的损伤累积和抗力衰减,从而使其抵抗自然灾害甚至正常作用的能力下降,极端情况下会引发灾难性的事故[1],带来巨大的经济损失、人身伤亡和社会影响。如果大型国防工程结构发生类似灾难性事故,不但影响军事斗争准备以及部队战斗力的发挥和维持,有时还会给国家带来较大的政治和外交上影响。

　　到目前为止,因结构损伤未得到及时发现,造成人员伤亡的灾难性事故层出不穷。早期的有:1967年12月,美国西弗吉尼亚州的Silver大桥发生垮塌,造成46人丧生,另有17人受伤;1994年10月21日韩国圣水大桥第五与第六根桥柱间的48m长混凝土桥板整体塌落入水,6辆汽车包括1辆载满学生及上班族的巴士和1辆载满准备参加庆祝会的警员的面包车跌进汉江,导致33人死亡,17人受伤。1999年1月,重庆綦江彩虹桥突然垮塌,造成40人死亡。近些年的有:2004年法国戴高乐机场屋顶部分坍塌,造成多人伤亡;2007年美国明尼苏达州密西西比河上一座桥梁在交通高峰时段突然垮塌,造成几十辆汽车坠入河中以及多人死亡;

2009 年 5 月，湖南株洲市区一高架桥发生坍塌，造成 9 人死亡，16 人受伤，共有 24 台车辆受损。图 1.1 是早期和近些年发生土木工程事故的现场。这些沉痛的教训越发引起人们对结构服役安全性的关注，使人们认识到保证大型结构的安全不但是社会经济发展不可或缺的支点，而且是人们赖以生活和工作的重要保证。

为了避免这些事故的发生，需要对结构特别是其关键部位进行健康监测，以保障结构的安全性、可靠性和耐久性。对结构进行健康监测的主要目的有：使得能够在损伤发生初期或对结构安全威胁较小时及时地发现损伤和定位损伤，从而对结构损伤进行修复，保证结构继续使用的安全；在大型结构经历了极端灾害性事件后，立即对它们的健康状态做出评估，实时地监测和预报结构的性能并及时发现和估计结构内部损伤位置，合理安排使用，对提高工程结构的运营效率，保障人民生命财产安全具有极其重大的意义[2]。此外，结构监测数据可以为验证结构分析模型、计算假定和设计方法提供反馈信息，并可用于深入研究结构及其环境中的未知或不确定性问题[3]。因此，结构的健康监测技术成为当前国内外研究的热点问题。

(a) Silver 大桥　　　　　　(b) 圣水大桥　　　　　　(c) 綦江彩虹桥

(d) 戴高乐机场　　　　　(e) 密西西比河大桥　　　　(f) 株洲市区一高架桥

图 1.1　发生事故的土木工程结构现场

1.2 结构健康监测技术构成和发展

著名地震学家 Housner 在 1997 年给出了结构健康监测(Structure Health Monitor,SHM)的定义:结合无损检测和结构特性分析(包括结构响应)技术,对在运营状态下的结构中获取数据并进行处理,从而达到评估结构的主要指标(如可靠性、耐久性等)的有效方法[4]。结构健康监测系统是通过安装在结构上的传感器,对结构在正常环境下运营的物理与力学状态以及附属的工作状态、结构构件耐久性和工程结构所处环境条件等进行实时监测,通过现场安装的监测仪器和计算机辅助设备来实现对结构的实时监测,为结构的维护、加固和管理决策提供依据和指导[5]。一般来说,可根据系统的构成将结构健康监测系统分为传感器系统、数据采集与传输系统、数据信号处理与分析系统、数据管理系统、系统识别、模型修正和损伤识别系统、结构状态评价系统以及报警与通信系统等[6],其总体可分为监测、诊断和状态评估三部分,如图 1.2 所示[7]。总之,结构健康监测系统相当于全天候的结构健康“保健医生”,通过信号采集、处理、识别等过程完成对结构状态的判断。

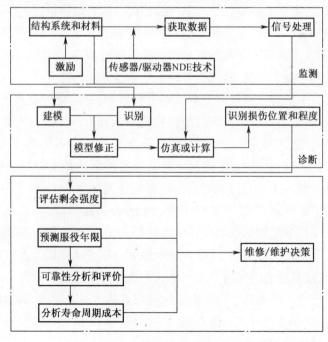

图 1.2 结构健康监测系统基本组成

目前,世界上许多新建的大跨桥梁都安装有结构健康监测系统,但大多数健康监测系统实际上并不具备损伤识别的能力,而真正的结构健康监测系统必须具有损伤识别的能力[8]。结构损伤识别技术是健康监测系统中的核心技术,也是结构健康监测领域研究的难点,评价一个结构健康监测系统的性能好坏很大程度上取决于损伤识别方法的优劣。因此,从一定意义上讲,对于结构健康监测的研究和对结构损伤识别方法的研究是一致的。

结构损伤检测最早出现并应用于机械、航空领域,土木工程结构中的损伤检测发展,从国外来看,早期的工业与民用建筑的损伤出现率较低,危害程度远没有机械结构那样高,而且一定程度的带伤工作是完全允许的,故而土木结构的损伤检测发展较慢,且多数工作属于结构可靠性评估。损伤检测在土木工程中的应用可追溯到20世纪40年代[9],20世纪40年代到50年代,土木结构的损伤检测主要是分析结构缺陷原因以及研究其修补方法,而检测工作大多是以目测为主的传统方法;60年代到70年代,人们开始意识到结构检测的重要性,开始注重研究结构检测技术和评估方法,并且把许多现代检测技术应用到土木结构中;80年代以后,土木结构的损伤检测进入了逐步完善的阶段,结构检测方面制定了一系列的规范和标准,结构损伤检测与基于有限元分析和智能评估的损伤识别相结合得到了迅速发展。我国的土木工程结构损伤检测发展较晚,主要的研究也是在70年代以后,随着结构抗震、抗风研究的发展,逐步开始结合可靠性评估和安全维修鉴定进行结构损伤检测的研究。近年来,随着我国土木重大工程的兴建和工程事故的增多,结构损伤检测和结构健康监测得到了极大重视,越来越多的人从事这方面的研究[10]。

早期的损伤主要是通过人工对结构进行检测,并且凭经验判断。随着科技的进步,发展了一些比较先进的结构检测方法和发明一些针对性较强的检测仪器,这些方法都是可视的或局部的实验方法,如裂缝检测的声发射或超声发射方法、裂缝分析的磁方法、混凝土缺陷检测的雷达技术检测、混凝土微裂缝检测的X射线技术和温度测量的远红外成像技术等[11]。以上方法存在许多缺点,如需要预知损伤的大致位置,探测人员必须亲临现场进行探测等[12],不易于探测结构内部或仪器难以接近的结构隐蔽部位的缺陷,对大型结构以及人不易到达的结构,这类方法不适用。随着计算机技术的发展、计算方法的进步、计算理论的完善以及现场测试技术与手段的不断提高,使结构损伤检测技术得到了快速发展。人们不仅采用各种检测手段和工具对结构进行现场检测,而且结合各种理论方法、有限元分析等技术手段来探测损伤,逐渐形成了结构损伤识别技术[5]。

1.3 基于结构动态响应的损伤识别方法研究现状

在20世纪90年代初,Rytter对于损伤识别的目标提出了4个层次:①结构损伤存在性识别;②结构损伤位置识别;③损伤程度的量化;④结构剩余寿命的评估[13]。到目前为止,对于结构损伤识别的研究依然集中在前三个层次,第四层次的研究鲜有文献报道;在前三个层次中,对前两个层次的研究更为普遍。事实上,在对结构进行损伤判别和定位后,可用更加精确的仪器和先进的检测方法对结构进行损伤程度的量化,甚至可以对其剩余寿命进行评估,完成损伤识别第四层次的目标。

由于土木工程的复杂性,从结构损伤识别技术出现,就一直是国内外学者研究的热点问题,特别是近几十年,随着大量早期大型土木工程结构的老化,人们对土木工程结构安全意识的增强,以及大量结构健康监测系统在实际土木工程中的应用,这都大大促进了损伤识别方法的研究速度,大量的损伤识别方法层出不穷。目前,损伤识别技术已经成为土木工程领域的一个重要的研究方向,处于土木工程科学研究的前沿。

结构损伤识别方法从采集数据的类型上可分为两类:基于结构静态数据(应变、位移等)的损伤识别方法,以及基于结构动态响应(频率、振型、加速度、动应变等)的损伤识别方法。基于静态数据的损伤识别方法优点是求解静力方程简单、结果稳定可靠等[14],缺点是测量信息少、测量时间长、施加荷载困难、无法做到实时监控等。结构的动力响应(频率、振型、加速度等)和结构物理特性(质量、阻尼和刚度)存在一定的函数变化关系,结构物理特性的变化(阻尼变化或刚度变化)将在结构动力响应的变化上得到反映,基于结构动态响应的损伤识别方法正是利用了结构物理特性与动力响应之间的这种关系而得到充分的展现。结构的动力特性既可以反映结构局部损伤信息,也能反映结构的整体运营性能。利用结构的动力特性的变化来进行结构整体损伤的探测有着静力测量无法比拟的优点,如信号易于提取、传感器可以安装在人们不易接近的部位、易于操作、对结构进行激励方便(既可以采用人工激励,也可以采用环境激励)等,且和静力测量数据相比,结构动力测量数据所含结构损伤的信息量大得多,更有利于损伤识别方法的实现。近年来,随着检测手段以及实验模态分析技术的提高,对结构损伤技术的研究绝大多数以结构的动态响应为前提[15]。基于结构的动态特性的损伤识别方法是目前广泛得到研究的全局无损伤检测方法[16]，并已经成为国内外众多专家学者研究的热点。

基于结构动态特性的损伤识别方法从根本上讲，就是通过结构的动态测量数据与结构状态建立一个映射关系，这种映射关系使得不同的结构测量数据对应不同的结构状态。实际上，这是一个模式识别问题，其作用和目的是将某一具体事物正确地归入某一类别，从而通过观测现象认识客观事物本质[17]。通常，直接测量的结构动态数据并不能达到对结构状态进行模式分类的目的，需要通过某种线性或非线性变换，将结构的动态测量数据从其测量空间变换到特征空间。在这里，测量空间是指原始测量数据组成的空间，特征空间是指分类识别赖以进行的空间，而这种变换过程称为特征提取。

基于结构动态响应的损伤识别方法有很多，各种新的方法也层出不穷，很难对其进行精确的分类。按处理数据序列，可分为频域法和时域法；按是否利用结构模型（通常指有限元模型）的角度，可分为基于结构模型的损伤识别方法和无模型的损伤识别方法；按照是否采用线性模型假设，可分为线性损伤识别理论和非线性损伤识别理论[18]。文献[19]中，根据特征提取方法的不同，把基于结构动态响应的损伤识别方法分为4大类：①传递特性类动力特征；②复杂函数类动力特征；③传递曲率类动力特征；④指标参数类动力特征。损伤识别方法的分类有多种多样，在此不一一例举，本书关于基于结构动态响应损伤识别方法的综述主要是介绍目前比较流行的基于结构模态参数的损伤识别方法、基于结构动态响应测量值时域数据的损伤别方法、基于智能算法的损伤识别方法以及基于统计模式识别的损伤识别方法。

1.3.1 基于结构模态参数的损伤识别方法

基于结构模态参数的损伤识别方法的基本思想：模态参数（频率、振型等）是结构物理参数（刚度、质量、阻尼）的函数，结构物理参数的变化必将引起模态参数的变化。这类方法的关键是模态分析技术，而模态分析技术的核心是模态参数识别方法，近年来，随着模态参数识别方法的日趋成熟，基于结构模态参数的损伤识别方法也成为结构损伤研究最多、应用最广泛的方法之一。

1.3.1.1 基于结构固有频率的损伤识别方法

结构模态参数中，频率是最易获得且精度很高的参数，因此通过结构的频率变化来辨识结构是否存在损伤最为简单和便捷。许多学者用固有频率或其变化形式作为结构损伤的特征指标来对结构进行损伤识别。

利用结构的频率变化识别结构的损伤始于20世纪70年代[20]。1979年，Cawley和Adams通过特征值对结构物理参数的灵敏度分析，提出在结构只存在单处损伤的情况下，损伤前后任意两阶频率变化的比值仅是损伤位置的函数，与损伤程度无关，并采用该比值作为损伤指标[21]。1991年，Hearn指出，结构损伤后，各阶频率变化与最大频率做归一化处理后，任意两阶频率变化的比值是结构损伤位置的函数，并以此作为损伤指标[22]。1997年，Salawu对基于固有频率的损伤识别方法做了全面的总结，认为该方法有较多优点，如获得容易、精度较高、测量方法简单与位置无关等；也指出了仅仅依靠结构固有频率的变化难以对结构进行损伤定位[23]。Stubbs和Osegueda提出了一种基于固有频率的全局损伤识别方法，此种方法只利用测量精度高的固有频率就可识别损伤位置及损伤程度，并指出对于单元多的大型结构，计算量偏大；最后用以数值仿真模型对该方法进行了数值实验验证，验证结果显示该方法可以较好地识别结构小损伤，对于大损伤则误差较大，这与其他方法相反，其原因是该方法忽略了特征向量改变对模态刚度的影响[24]。Choy等对边界条件和截面变化的梁结构进行了损伤识别，以梁单元弹性模量的改变来模拟结构损伤，以结构前两阶频率的变化作为模式识别的特征参数，对结构各种可能的损伤进行了损伤识别[25]。

为了进一步完善基于频率的损伤识别方法，许多学者针对频率在工程应用中的缺点，研究了其在测量中的随机性对损伤识别结果的影响，环境温度对基于频率损伤识别方法的影响。文献[26]研究了频率测量的一致性和可靠性，研究结果表明：由于测量环境和测量仪器精度等的影响，实际测量的频率不可避免地存在一定的随机性。文献[27]研究了环境温度对频率测量的影响，提出用主成分分析和频率相结合的新的损伤识别方法，认为在不同环境温度下测量的结构固有频率，温度是影响频率变化的主要因素，用提取测量频率的残差达到降低环境温度对损伤识别结果影响的目的。文献[28]在文献[27]方法基础上提出了先进行聚类分析，再进行主成分分析的方法，目的是降低环境温度对测量频率非线性影响，增强了主成分分析在降低环境温度对测量频率干扰的有效性，并用数值仿真模型和一座木桥的实际测量数据验证方法的正确性。

综上所述，基于频率的损伤识别方法具有测量容易、精度较高、测量不受位置限制等特点，所以基于频率的损伤识别方法简单易行，在损伤识别方法研究初期得到了广泛研究。但由于频率是全局量,对于结构的局部损伤不敏感,特别是对于大型土木结构,某些局部损伤根本不能引起结构固有频率的明显变化:首先,边界条件、环境噪声、测量误差等影响会湮没由于结构损伤所带来的频率变化;其次,对于损伤敏感的高阶频率在实际应用中很难测到。诸多原因表明:单独使用结构固有频率并不能很好地识别结构损伤。

1.3.1.2 基于结构振型的损伤识别方法

结构振型能够提供结构损伤的空间信息,在一段时期内,基于振型的损伤识别方法成为结构损伤识别方法研究的热点。1984 年,West 就应用振型对结构损伤进行定位[29]。Yuen 使用结构损伤前后的振型变化对一悬臂梁进行损伤判别[30]。Rizos 通过实验研究表明:利用悬臂梁两点的振动和一个振型即可确定梁裂纹的位置及深度[31]。West 在先前工作的基础上提出了利用模态保证准则(Modal Assurance Criterion,MAC)来确定结构损伤前后振型数据的相关性大小[32],而模态保证准则法也成为基于振型的结构损伤识别重要方法。

MAC 的定义为

$$MAC(i,j) = \frac{(\{\boldsymbol{\phi}^u\}_i^T \{\boldsymbol{\phi}^d\}_j)^2}{(\{\boldsymbol{\phi}^u\}_i^T \{\boldsymbol{\phi}^u\}_j)(\{\boldsymbol{\phi}^d\}_i^T \{\boldsymbol{\phi}^d\}_j)}$$

式中:$\{\boldsymbol{\phi}^u\}_i$、$\{\boldsymbol{\phi}^d\}_i$ 分别为结构损伤前后的第 i 阶测量模态,$\{\boldsymbol{\phi}^u\}_j$、$\{\boldsymbol{\phi}^d\}_j$ 分别为结构损伤前后的第 j 阶测量模态。

MAC 值的范围为 0~1,表示两种测量模态的相关程度,0 表示完全不相关,1 表示完全相关;MAC 值接近 0,表示损伤可能发生。后来,Lieven 提出了一种改进的模态保证准则方法,称为坐标模态保证准则(Coordinate Modal Assurance Criterion,COMAC)[33],其定义为

$$COMAC(k) = \frac{(\sum_{i=1}^{m} |\{\boldsymbol{\phi}^u(k)\}_i \{\boldsymbol{\phi}^d(k)\}_i|)^2}{\sum_{i=1}^{m} \{\boldsymbol{\phi}^u(k)\} \sum_{i=1}^{m} \{\boldsymbol{\phi}^d(k)\}_i^2}$$

式中:$\{\boldsymbol{\phi}^u(k)\}_i$、$\{\boldsymbol{\phi}^d(k)\}_i$ 分别为 $\{\boldsymbol{\phi}^u\}_i$、$\{\boldsymbol{\phi}^d\}_i$ 在第 k 个自由度的分量。

MAC 是衡量两模态振型之间的相关程度,COMAC 是衡量两模态振型每个自由度之间的相关关系。Ko 等提出了一种混合使用 MAC、COMAC 和灵敏度分析的结构损伤识别方法对一钢结构进行损伤识别[34]。

综上所述,振型相对于频率来说,包含了更加丰富的结构信息,能通过振

型识别结构的损伤位置。但目前的测量仪器和模态参数识别技术还不具备对振型的精确测量或计算,而这些原因导致的振型测量误差会掩盖结构损伤带来的振型变化,给基于振型的损伤识别方法在实际应用中带来很大困难。一般来说,由于现场条件限制,不可能对结构振型进行完整的测量,而基于自由度不完整的振型数据的损伤识别方法有待进一步深入研究。

1.3.1.3 基于模态参数衍生指标的结构损伤识别方法

结构模态参数的变化固然是结构损伤的直接反映,但为了增加模态参数对于结构损伤的敏感性,许多学者提出了基于模态参数衍生指标的损伤识别方法。这类方法有许多,最有代表性的有振型曲率法、柔度矩阵法和模态应变能法。

结构损伤会降低损伤处的结构刚度,其曲率会增大,振型曲率的变化会随着曲率的增大而增大。根据这一原理,Pandey 等采用振型曲率对简支梁和悬臂梁的损伤进行了识别,结果显示,振型曲率和传统的模态参数相比,其对结构局部损伤更加敏感[35]。Wahab 等把振型曲率损伤识别法应用到瑞士 Z24 桥的实际损伤检测,取得不错的效果[36]。Lu 等还研究了振型曲率在桥梁结构多位置损伤识别中的应用[37]。孙增寿等提出一种将小波分析(也称为小波变换)和振型曲率相结合的损伤识别方法,利用双正交小波函数对损伤前后的曲率模态进行小波变换,通过小波变换系数的变化和分布情况建立了结构损伤指标,可以判定损伤存在,确定损伤位置和估计损伤程度,并通过一简支梁和其中的 T 形截面梁的数值模拟对该方法进行了验证[38,39]。

由于结构低阶振型在变形中占的分量较大,且结构的低阶振型和频率易于测量,因此探讨以低阶振型及频率为"特征参数"的损伤监测技术具有实际意义[40]。柔度矩阵具有这一特征,Pandey 和 Biswas 提出柔度矩阵可以容易地由几个低阶模态估计得到,而低阶模态容易测量,所以在损伤识别中可以方便地利用柔度矩阵对结构进行损伤识别[41]。Raghavendrachar 和 Aktan 通过一个三跨混凝土桥的数值分析实验证明了模态柔度比固有频率和振型对局部损伤更灵敏[42]。Aktan 等建立了一种利用观测柔度矩阵作为状态指标的相对整体性的方法来评定桥梁结构,并通过两座桥梁的汽车静载实验,对比了观测模态柔度阵和静力变形柔度矩阵的不同,以此来判别结构状态[43]。Lu 等发现柔度曲率相比于模态柔度具有更好的损伤灵敏度,并基于柔度曲率对结构的多损伤工况进行了分析识别[44]。张谢东等以振型曲率和柔度曲率为识别参数,对一悬臂梁多损伤工况进行损伤识别仿真研究,结果表明,柔度曲率法相比于振型曲率既具有较高的灵敏度,又避免了使用原结构的模态参数[45]。

模态应变能(Modal Stain Energy,MSE)的基本思想是将结构分为一系列的单元,分别计算结构损伤前后每个单元的模态应变能的变化率,由于部分模态振型在结构损伤附近发生局部突变,故模态应变能在结构中的分布将发生变化,所以可以通过比较各单元模态应变能的变化来进行结构损伤识别[46]。1995年,Stubbs等提出了应用模态应变能对结构进行损伤诊断[47]。1998年,Law等通过理论推导证明了模态应变能仅需少数几阶模态振型和单元刚度矩阵,不需要结构整体刚度和质量信息,对损伤具有较好的敏感性,并利用单元模态应变变化率成功地识别了一榀桁架的损伤及其损伤位置[48]。2000年,Shi等对模态应变能的机理进行了深入探讨[49]。Sazonov等基于模态应变能提出了一种不需要基准模型的小损伤识别方法,该方法仅需要损伤后的模态应变能信息,对损伤后的模态应变能进行傅里叶变换,并将低阶部分除去,用剩余的部分进行损伤识别,最后以铝梁实验验证了该方法的有效性[50]。Hu等提出了一种新的损伤识别指标:交叉模态应变能(Cross-Modal Stain Energy,CMSE),并指出该指标比模态应变能精度更高[51]。Li等提出了用模态应变能分解法来定位空间框架结构损伤,并用该方法成功地识别了五层空间框架结构的损伤以及海洋平台结构损伤[52]。申彦利等介绍了非比例阻尼体系动力分析的模态应变能方法和状态方程法,通过一数值实例得出:在一定条件下模态应变能法具有较高的精确性,同时,在工程应用方面具有良好的适用性[53]。

由于模态参数的衍生指标不管怎样变化,其实质还是基于结构模态参数,因此,基于此类指标的损伤识别方法和基于模态参数的损伤识别方法存在相同的问题,还有待进一步研究。

1.3.2 基于结构时域观测的损伤识别方法

结构在动力荷载下,其时域响应信号最易测量,所以出现了一些基于结构时域响应信号的模态参数识别技术,如随机减量法[54]、时间序列分析法[55]、NEXT法[56,57]、随机子空间法[58]等。从这点上讲,一些基于结构模态参数的损伤识别技术也可归于基于时域响应的损伤识别方法。由上面一些分析及文献[59,60]表明,基于结构模态参数的损伤识别方法并不能在实际中得到很好应用,而结构时域观测数据包含更多的结构信息,所以直接利用结构的时域观测数据进行损伤识别的方法得到了充分的研究和发展。较为常用的有时间序列法[61,62]、回归法[63]、统计距法[64,65]等。Nair 等利用自回归移动平均（ARMA）时间序列模型 AR 模型的前三阶参数计算结构损伤指标，从而识别结构损伤，由前两阶参数组成的数据对在坐标空间的分布来定位结构的损伤位置，并利用 ASCE 基准模型结构实验数据验证了该方法的有效性[66]。Zheng 和 Mita 提出了一种分两步的损伤识别方法来识别结构损伤和损伤位置：第一步通过 ARMA 模型的距离指标来确定结构是否存在损伤；第二步对各传感器测量数据进行白化处理使得各数据序列之间相关性最小，再通过第一步损伤指标来定位结构的损伤位置；第三步分别用数值算例和实验数据验证该方法的有效性[67]。在一般情况下，基于结构时域观测的损伤识别方法中都采用了统计理论，而基于统计理论的损伤识别方法是目前损伤识别方法研究领域的一个重要分支，在 1.3.4 节中将会有大量的文献涉及基于结构时域观测的损伤识别方法，所以本章对基于结构时域观测的损伤识别方法只做简要的介绍，而对于该方法的综述可见第 4 章引言部分。

1.3.3　基于智能计算技术的损伤识别方法

近几十年来，随着计算机技术的不断发展，许多智能计算技术也被应用到结构损伤识别方法中，如神经网络、支持向量机、HHT、遗传算法、小波分析（WA）等。

1.3.3.1　神经网络法

基于神经网络的损伤识别方法原理：根据结构在不同状态（不同损伤位置的不同损伤程度）的反应，通过特征提取，选择对结构损伤较敏感的指标作为网络的输入参数，结构的损伤状态为输出参数，建立损伤分类训练样本集，然后对网络进行训练，网络训练完毕即具备了损伤识别能力。将结构损伤状态的实测信息输入网络，即可迅速确定结构的状态[68,69]。

Venkatasubramanian 和 Chan 最早用 BP 神经网络来对结构损伤进行诊断[70]。Wu 和 Garret 将结构损伤定义为单元刚度矩阵下降，运用 BP 网络对地震激励下的三层平面框架进行研究，以结构损伤前后的频响函数来训练网络[71]。Elkordy 分别以有限元数值模拟数据和振动台实验数据来训练 BP 神经网络，并将训练后的网络用于多种损伤情况诊断[72]。Chen 等用实际地震响应记录来训练和验证神经网络，探索了神经网络在结构动态模型识别方面的潜力[73]。王柏生等分析了模型参数误差对神经网络损伤识别结果的影响,并利用分类能较强的概率神经网络来识别框架结构的损伤位置[74,75]。姜绍飞等用传统概率神经网络和自适应概率神经网络对大跨悬索桥的损伤定位进行了研究,结果表明自适应概率神经网络的损伤定位效果更好[76]。Sohn等提出用自联想神经网络(Auto-Associative Neural Network,AANN)可以区分结构系统的变化是损伤引起的还是环境的变化所致[77]。胡利平和韩大建通过自联想神经网络非线性主成分分析能力,获得网络输出与目标间的网络输出残差,从而对结构损伤进行识别和定位,并用一座简支梁桥数值仿真实验,验证了方法的有效性[78]。王柏生针对自联想神经网络对于数据正态性的依赖性,提出了用统计神经网络方法识别结构是否存在损伤[79]。

1.3.3.2　支持向量机法

支持向量机(Support Vector Machine,SVM)是基于统计学习理论的一种新的学习方法,由 Vapnik 等在 20 世纪 90 年代提出[80]。其基本思想是通过内积函数定义的非线性变换将输入空间变换到一个高维空间,在这个空间中求输入和输出之间的关系。基于支持向量机的损伤识别方法原理和神经网络法相似,但其所需样本数据小于神经网络,且避免了神经网络方法出现的网络结构难于确定、过学习和欠学习以及局部极小化等问题[81]。

三田彰对五层剪切型结构进行了损伤识别的数值模拟实验,采用结构模态频率训练支持向量机,从而识别结构的损伤位置及损伤程度[82]。何浩祥等以非线性小波基函数构造支持向量机的核函数,得到一种具有较强泛化能力的紧致型小波支持向量机,用这种小波支持向量机对结构损伤进行诊断具有较高的精度,并以空间网壳结构为例对该方法进行了验证[83]。刘龙等以结构模态频率作为损伤特征,提出了基于支持向量机的结构损伤分步识别方法:首先根据支持向量机分类算法的概率估计确定可能的损伤位置,重新构造训练样本;然后利用支持向量机回归算法计算损伤位置;最后估计损伤程度,并以梁的损伤识别为例对该方法的精确性进行了验证[84]。Oh 和 Sohn 提出了一种基于支持向量机的非线性主成分分析方法对结构测量数据进行正规化,从而避免了环境因素对损伤识别结果的干扰[85]。

1.3.3.3　HHT 法

Hilbert-Huang 变换(HHT)是黄愕博士 1998 年提出了一种谱分析法。HHT 由经验模式分解(Empirical Mode Decomposition,EMD)方法和希尔伯特

(Hilbert)变换两部分组成,其基本思想:将时间序列通过 EMD 分解成有限个固有模式函数(Intrinsic Mode Functions,IMF)之和,然后利用希尔伯特变换构造解析信号,得出时间序列的瞬时频率和振幅,从而得到希尔伯特谱[86]。HHT 局部性能良好而且是自适应的,对稳态信号和非平稳信号都能进行分析。

Vincent 等以三自由度结构数值模拟实验,对比研究了 EMD 和小波分析对结构损伤进行诊断的结果,结果表明:两种方法都可以识别结构损伤出现时刻,但 EMD 对信号的分解是自适应性的,分解所得 IMF 分量具有一定的物理意义,而小波分析信号是纯数学上的,不具有自适应性[87]。Yang 等利用 HHT 方法对 ASCE 提出的健康监测问题中标准结构的不同损伤模式进行了仿真研究,并通过小波分析的细节信号或 EMD 中 IMF 在时域的奇异性及其在结构中的分布情况来检测结构损伤时刻和损伤位置[88]。丁麒等提出了一种基于空间 HHT 的损伤识别方法,并通过梁结构数值实验验证了该方法能够很好地识别损伤带来的模态奇异性,并具有很强的抗噪性能[89]。刘义艳等研究了基于 HHT 的结构渐进损伤识别方法:首先对结构系统的渐进损伤加速度信号进行 EMD 分解,并将其分解为多个 IMF 之和;然后选取若干个包含主要损伤信息的 IMF 进行 Hilbert 变换,以提取的瞬时频率为特征参数对结构进行损伤识别;最后以模型实验验证了该方法的有效性[90]。

1.3.3.4　遗传算法

20 世纪 60 年代,美国密歇根大学的 Holland 教授最早提出遗传算法(Genetic Algorithm,GA)[91]。遗传算法是一种优化算法,其特点是具有高效的并行优化搜索能力,并寻找全局最优解,所以一些学者把遗传算法应用于结构损伤识别中。

Mares 等很早就将遗传算法应用于损伤识别方法中,基于实模态分析的残余力向量,构造了基于二进制编码方案的目标函数,对桁架结构的数值模型进行损伤识别,识别结果表明:遗传算法可以通过优化搜索同时识别结构的损伤位置和损伤程度[92]。Friswell 等用遗传算法处理振动参数,识别了一钢结构平板和悬臂梁的损伤[93]。李戈等利用遗传算法搜索香港青马桥结构健康监测系统中传感器的最优测点[94]。Koh 等研究了分布式遗传算法的系统识别法,该方法对于识别大型复杂系统有很多优势,缺点是前向分析计算量大[95]。袁颖等在模态分析的基础上,以节点的残余力向量构造目标函数,提出了一种用于遗传搜索优化的新的目标函数形式,然后利用改进的遗传算法进行了噪声条件下的结构损伤定位和定量研究,并用平面桁架数值模拟对该方法进行了验证[96]。

1.3.3.5 小波分析法

小波分析作为一种新的信号处理的手段,从诞生开始一直是学术界关注的重点,并逐渐引入到结构损伤识别方法中。Kim 等对近几十年来小波分析在结构和机械系统损伤诊断和健康监测中的应用情况进行了综述。并把基于小波的损伤识别方法分为三类:①基于小波系数变化的损伤识别方法;②基于小波系数在空间域中局部突变的损伤识别方法;③基于局部损伤引起反射波变化的损伤识别方法。第一种方法通常用于识别结构损伤存在和程度,第二种方法常用于识别结构的损伤位置,第三种方法用于识别损伤的程度和损伤位置[97]。第 2 章的主要内容为基于小波分析的损伤识别方法,其中对小波分析方法的原理、应用、发展进行了详细的叙述,在此不赘述。

1.3.4 基于统计理论的损伤识别方法

土木工程结构不同于机械、航空航天器等,一般的土木结构体积庞大、组成材料多种多样,所处环境复杂、运营条件恶劣,使得上述损伤识别方法在实际应用中都不能取得应有的效果。究其原因主要有以下几方面[98]:①噪声干扰,在结构的长期监测中,仪器设备的精度、环境的干扰、人为的误差都不可避免地会使测量数据受到噪声的干扰;②建模误差,结构材料特性的离散、本构关系的不准确、建造过程的不确定、边界条件的简化、分布式结构系统的离散误差、非结构构件的不正确建模等都会使建模产生较大的误差;③观测数据的不完备,土木工程结构体积庞大、构型复杂,受现场条件和测试仪器的限制,一般只能在有限的观测点上得到结构较低阶的模态参数;④局部损伤不敏感,损伤一般发生在结构的局部区域且损伤大多为小损伤,这些只对结构振动特性的高阶模态响应有较大的影响,而对反映结构整体特性的、观测较为容易的低阶模态影响较小;⑤运营环境和荷载的多变性,环境温度、湿度和外部荷载的多变性等因素影响使得观测数据在一个较宽的范围内改变。由于上述原因的综合作用,使得损伤识别方法识别结果产生不确定性,从而难以区分结构损伤敏感参数的变化是由于结构损伤还是其他原因引起。因此,有必要在结构损伤识别方法中引入统计理论,而这也有望成为解决大型土木工程结构健康监测和损伤诊断问题的一般方法[4]。

近十几年来,对基于统计理论的损伤识别方法的研究如火如荼,呈现一片欣欣向荣的景象。Garcia 和 Stubbs 假设结构损伤特征参数服从正态分布(NID),基于贝叶斯辨别准则建立判别函数对结构进行损伤识别,并以桁架的频率和振型为特征参数,对比分析了线性判别函数和二次判别函数的识别效果,发现线性判别函数能够更准确地判别结构的损伤[99]。Doebling 和 Farrar 根据桥梁的实测数据,以柔度矩阵参数构造统计量,用蒙特卡罗方法估计统计量的置信区间,并采用假设检验来识别结构损伤[100]。Worden 等用统计方法对识别结构的损伤存在进行了研究,提出了采用奇异值和离群值分析对结构进行损伤诊断,并用数值算例和实验数据对该方法进行了验证[101]。Sohn 等通过结构完好和不同损伤阶段的动力响应数据建立 AR 模型,以 AR 模型参数作为结构损伤敏感特征指标,然后引入 X-bar 统计控制图,采用离群值分析方法来识别结构的状态[102]。Fugate 等以结构不同状态加速度 AR 模型残差来计算结构损伤敏感特征指标,并分别引入了 X-bar 统计控制图和休哈特统计控制图,采用离群值分析来识别结构的状态,最后还用混凝土桥柱的损伤识别实验对该方法进行了验证[103]。Kullaa 通过瑞士 Z24 桥实测数据,用随机子空间法识别结构的模态参数,并分别通过各种统计控制图和各种结构特征参数识别结构损伤,比较得出休哈特控制图可靠性最高,最后指出用主成分分析法对结构特征参数降维可以从本质上增加统计控制图对结构损伤的敏感性[104]。张启伟提出了一种基于统计模式识别技术的结构异常诊断方法:首先由结构健康状态动态响应为结构状态判断数据基,通过序列相似分析将未知状态结构响应信号与正常结构数据基进行环境/运营条件归一化;然后根据动态参数模型残差分析提取结构损伤特征,以统计分析对结构异常状态进行诊断和定位[105]。Sohn 认为,在进行异常值提取时,结构状态判断的基准值的确定总是以数据服从正态分布为前提,而这会带来结构分类的错误,于是提出了对结构特征参数的拖尾分布进行正确的模型选择,有利于降低对结构状态的错误分类[106]。Mujica 等通过飞机机翼实验,研究了主成分分析法、偏最小二乘法、复合主成分分析法以及复合偏最小二乘法在结构损伤识别中的应用[107]。黄斌和史文海提出一种基于递推随机有限元方法的随机结构损伤识别方法,该方法有很好的噪声健壮性和识别可靠性[108]。杨彦芳和宋玉普提出了以频响函数作为损伤识别的基本参变量,利用主元分析和多元控制图来识别网架结构的损伤识别方法[109]。

1.4　目前损伤识别方法存在的问题及发展方向

虽然大量的损伤识别方法给工程应用提供了多种选择空间,但实际上上述损伤识别方法或多或少地存在着难以克服或目前难以解决的问题,都拥有很大的发展空间。具体来讲,目前的损伤识别方法存在的问题和发展方向如下:

(1) 许多结构损伤敏感特征指标物理意义明确,但工程应用的可靠性不好,特别是对于小损伤的识别显得无能为力,如何发掘新的结构损伤敏感特征指标仍然是目前损伤识别方法应用于工程实际的重点和难点。

(2) 结构健康监测的意义在于实时地对结构运营状态进行监测,鉴于大多数损伤识别方法还停留在结构检测阶段,有必要发展计算简单、测量方便新的损伤识别方法。

(3) 现有的绝大多数损伤识别方法只能适用于结构线性损伤,这并不符合工程实际,由于土木工程的复杂性及材料的非单一性和非均匀性,即使是小损伤,其动态响应也会存在非线性的特征。因此,发展非线性的损伤识别方法才能够真实地应用于结构健康监测中。

(4)基于神经网络和支持向量机的损伤识别方法应用成功的前提是能够获得结构在各种工况下的损伤模式样本,而实际土木工程结构发生的损伤模式可能无法通过实验或有限元模型获得,且有限元模型的准确性还有待验证。因此,如何有效地利用神经网络和支持向量机在损伤识别中的应用,还有待进一步研究。

(5) 尽管有许多学者对基于环境激励的损伤识别方法进行了研究,但假设环境激励为白噪声激励,这个假设与事实并不相符。而基于环境激励的损伤识别方法被公认为目前最有发展意义的损伤识别方法之一,因此,如何发展在环境激励下的损伤识别方法是目前一个迫切的任务。

(6) 基于结构时域数据的损伤识别方法虽然能有效地摆脱对于结构模型的依赖,但这种方法不能识别结构的损伤位置,虽然有研究者提出了各种解决方案,但所用数值模型或实验模型都为剪切型结构,这种结构可简化为一维结构,并不能推广到实际土木工程结构的应用中。如何直接通过结构时域观测数据识别结构损伤位置是该方法一个重要突破。

1.5　本书主要研究内容

本书主要研究了基于时域观测数据的损伤识别方法在钢框架结构中的应用。书中基于时域观测数据的损伤识别方法不包括通过时域观测数据识别结构模态参数,再通过模态参数的变化识别结构损伤的方法。小波分析在大量文献综述中被列入智能算法,但就其对数据分析的过程来说,也是直接对结构动态响应时域观测数据进行小波分析,再计算其损伤敏感特征指标来识别结构损伤,从这一点上看来,可以将小波分析归于基于时域观测数据的损伤识别方法中的一种。同样,书中所介绍的基于结构振动传递率的损伤识别方法,虽然将两测量点时域观测数据转换到频域,但也只是为了计算结构损伤敏感特征指标的一个中间环节,并没有通过变换而识别结构的模态参数。基于此,本书阐述的基于时域观测数据的损伤识别方法在钢结构中的应用研究主要内容如下:

(1)基于小波分析的损伤识别方法的理论基础、方法分类、发展以及应用等。通过数值算例分析了基于小波分析的损伤识别方法对结构损伤的敏感性,并引入虚拟脉冲响应函数,增强了该方法对激励荷载的健壮性,最后将改进后的小波分析损伤识别方法应用于钢框架结构模拟的损伤识别实验中,成功地识别出结构两种模式的损伤。

(2)针对结构动态响应数据对环境温度的敏感性,重点研究了如何降低环境温度对损伤识别结果干扰的新方法。在总结前人研究的基础上,提出了分别使用主成分分析、因子分析两种多元统计方法和小波分析相结合的损伤识别新方法,并通过数值算例对两种降低环境温度干扰的损伤识别新方法进行了验证。

(3)基于AR模型系数的损伤识别方法在钢框架结构中的应用。针对马氏距离(Mahalanobis Distance)判别函数对结构损伤模式分类的不稳定性,提出了一种基于主成分分析和AR模型系数相结合的损伤识别方法,用椭圆控制图中的奇异点来判别结构是否存在损伤,并通过钢框架结构模型损伤识别实验对比分析了该方法和马氏距离判别法的识别准确性,最后使用该方法对钢框架结构模型的三种工况进行了识别。

(4)基于结构振动传递率的损伤识别方法。首先对该方法的理论基础进行了分析;其次通过简支梁数值算例分析了该方法在损伤识别中的可行性;最后介绍了振动传递率和主成分分析相结合的损伤识别方法,并用该方法对一钢框架结构模型的四种工况进行了损伤识别实验,并引入振动传递率的累积变化量这一结构损伤位置敏感指标有效地识别钢框架结构模型的单一位置损伤。

第 2 章
基于小波分析的结构损伤识别研究

2.1 引言

小波分析作为信号处理强有力的数学工具,从 1984 年被发现以来,一直是人们研究的重点。随着计算机技术的发展,小波分析也广泛地应用于各种行业中。起初,小波分析较多地应用于机械结构的故障诊断;Wang 等用小波分析识别了机械齿轮的早期损伤,通过应用多种小波对旋转齿轮损伤信号进行分析,总结了几种小波分析故障信号的敏感性和可行性[110,111];夏勇等运用小波分析对柴油机缸盖振动信号进行分析,以二进小波分解后的尺度—信号在各个时间段内的能量百分比为神经网络训练参数,得到故障诊断识别网络,此网络有很好的故障识别效果[112]。

近年来,小波分析理论及其应用技术得到了迅速发展,已经在土木工程结构损伤识别中得到了广泛和深入的应用。Hou 等应用单一的 Daubechies 小波对结构动力模型和 ASCE 的 Benchmark 模型进行了损伤识别研究[113]。Yan 和 Yam 用小波分析对复合材料板结构的动态响应进行损伤识别,结果显示,利用小波分解信号的能量变化能够识别复合材料板结构很小的裂缝损伤;并以小波分解信号能量向量为神经网络训练参数,用数值模拟的结果来训练网络,用实验数据来识别损伤,取得不错的效果[114,115]。Chang 等用小波分析对方形板结构的损伤定位进行了仿真研究,利用方形板空间信号的小波分解系数即能准确定位板结构的损伤位置[116]。郭健等针对桥梁健康监测中结构损伤识别的特点,从模式识别的角度提出和分析了损伤特征提取问题,阐述了基于小波包分析的两种节点能量特征提取的方法,指出小波包系数节点能量特征指标和小波包信号节点能量对结构损伤敏感性相当;但小波包系数节点能量特征指标的计算效率更高,更适合桥梁健康监测中损伤提取的要求[117]。

丁幼亮等对小波包能量能谱(Wavelet Packet Energy Spectrum,WPES)对结构损伤的敏感性做了详细的理论研究并进行了实验验证,研究结果表明:采用结构动力响应的小波包能量谱进行结构损伤预警具有较好的损伤敏感性和噪声健壮性[118]。

综上所述,基于小波分析的损伤识别方法总体上可以分为两类:第一类是利用小波分析的多重分辨率可以刻画信号局部特征的能力;第二类是利用信号的小波分解各子频带的能量分布会因结构的损伤而改变。第一类的损伤识别方法对于结构的突发性损伤具有很好的识别效果,但这种方法需要在线、长时间观测,且不能识别结构的累积损伤,而土木工程结构大多数损伤形式是累积损伤,所以这类方法在土木工程领域的应用受到极大的限制。本章重点介绍小波分析的第二类方法:首先介绍了小波分析方法的理论基础;然后用简单的悬臂梁数值仿真模型研究了基于小波包能量谱的损伤识别方法的有效性;最后对该方法在框架模型损伤识别中应用的可行性做了实验验证。

2.2　小波分析原理

小波是一种建立在泛函分析、调和分析、傅里叶分析基础上的时频原子,其在时域和频域同时具有良好的局部化特性和多分辨率特性,被誉为信号分析的"数学显微镜"。小波分析于1984年法国地球物理学家Morlet在分析地震数据时提出的。随后他与Grossmann共同进行研究,发展了连续小波变换的几何体系,由此将任意一个信号分解成对空间和尺度的贡献。1985年,Meyer,Grossmann与Daubechies共同进行研究,选取连续小波空间的一个离散子集,得到了一组离散的小波基(称为小波框架);而且根据小波框架的离散子集的函数,恢复了连续小波函数的全空间。而真正的小波流行时间始于1986年,当时Meyer创造性地构造了具有一定衰减性的光滑函数ψ,其二进制的伸缩和平移构成了实轴上平方可积函数空间$L^2(R)$的规范正交基。其后,Meyer、Mallat、Daubechies等为小波的研究和应用做出了重要的贡献。特别是1987年,Mallat将计算机视觉领域内的多尺度分析思想引入小波分析中,提出了多分辨率概念,统一了在此之前的所有正交小波基的构造,并且提出了相应的分解与重构快速算法。1988年,Daubechies在美国NSF/CBMS主办的小波专题讨论会上进行了10次讲演,引起了广大数学家、观测学家、物理学家甚至诸多企业家的重视,由此将小波分析的理论发展与实际应用推向了一个高潮[119]。

20世纪90年代以来,小波变换作为信号处理的一种手段,逐渐得到越来越多领域的理论工作者与工程技术人员的重视和应用,并在许多应用中取得了显著效果,与传统的理论方法相比,产生了质的飞跃,证明小波技术作为一种调和分析方法,具有十分巨大的生命力和广阔的应用前景[120]。

2.2.1 小波分析

2.2.1.1 小波分析的特性

小波即小区域的波,是一种特殊的长度有限(紧支集)或快速衰减,且均值为0的波形。其确切的定义:设为$\psi(t)$平方可积函数,即$\psi(t) \in L^2(R)$,若其傅里叶变换满足条件

$$C_\psi = \int_R \frac{|\hat{\psi}(\omega)|}{|\omega|} d\omega < \infty \qquad (2.1)$$

则称$\psi(t)$为基本小波或母小波。

式(2.1)也称为小波函数的可容许条件。

由小波的定义可知,其有两个特点[121]:

(1) 小,即在时域都具有紧支集或近似紧支集。虽然原则上讲,任何满足可容许性条件的平方可积空间的函数都可以作为小波母函数,但在一般情况下常选取紧支集或近似紧支集(具有时域的局部性)且具有正则性(具有频域的局部性)的实数或复数函数作为小波母函数,这样的小波母函数在时频域都会具有较好的局部特性。

(2) 波动性,即直流分量为零。可以用小波和构成傅里叶分析基础的正弦波做比较,如图2.1所示。傅里叶变换所用的正弦波在时间上没有限制,从负无穷到正无穷,但小波倾向于不规则与不对称。傅里叶分析是将信号分解成一系列不同频率的正弦波的叠加;同样小波分析是将信号分解成一系列小波函数的叠加,而这些小波函数都是由母小波函数经过平移与尺度伸缩得来的。

将小波母函数$\psi(t)$进行伸缩和平移,就可以得到一个小波序列。

对于连续的情况,小波序列为

$$\psi_{a,b}(t) = \frac{1}{\sqrt{a}} \psi\left(\frac{t-b}{a}\right) \qquad (a, b \in R; \quad a > 0) \qquad (2.2)$$

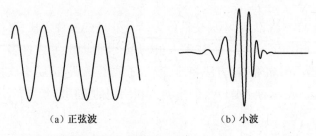

（a）正弦波   （b）小波

图 2.1　傅里叶正弦波与小波

式中：a 为伸缩因子；b 为平移因子。

对于任意的函数 $f(t) \in L^2(R)$ 的连续小波变换为

$$W_f(a,b) = \langle f, \psi(a,b) \rangle = a^{1/2} \int_R f(t) \, \overline{\psi\left(\frac{t-b}{a}\right)} \mathrm{d}t \tag{2.3}$$

其逆变换为

$$f(t) = \frac{1}{C_\psi} \int_{R+} \int_R \frac{1}{a^2} W_f(a,b) \psi\left(\frac{t-b}{a}\right) \mathrm{d}a \mathrm{d}b \tag{2.4}$$

小波变换的时频窗口特性与傅里叶的时频窗口不一样。窗口形状为两个矩形 $[b - a\Delta\psi, b + a\Delta\psi] \times [(\pm\omega_0 - \Delta\hat{\psi})/a, (\pm\omega_0 + \Delta\hat{\psi})/a]$，窗口中心为 $(b, \pm\omega_0/a)$，时窗宽和频窗宽分别为 $a\Delta\psi$ 和 $\Delta\hat{\psi}/a$，其中 b 仅仅影响窗口在相平面时间轴上的位置，而 a 不仅影响窗口在频率轴上的位置，还影响窗口的形状。这样小波变换对不同的频率在时域上的取样步长是调节性的：在低频时小波变换的时间分辨率较差，而频率分辨率较高；在高频时小波变换的时间分辨率较高，而频率分辨率较低，这正符合低频信号变化缓慢而高频信号变化迅速的特点。

2.2.1.2　连续小波变换

连续小波变换及其逆变换如式（2.2）和式（2.3）所示。由于基小波 $\psi(t)$ 生成的小波 $\psi_{a,b}(t)$ 在小波分析中对被分析信号起着观测窗的作用，因此 $\psi(t)$ 还应该满足一般函数的约束条件，即

$$\int_{-\infty}^{\infty} |\psi(t)| \mathrm{d}t < \infty \tag{2.5}$$

故 $\hat{\psi}(\omega)$ 是连续函数。

这意味着，为了满足完全重构条件式（2.1），$\hat{\psi}(\omega)$ 在原点必须为 0，即

$$\hat{\psi}(0) = \int_{-\infty}^{\infty} \psi(t)\mathrm{d}t < \infty = 0 \tag{2.6}$$

为了使信号重构的实现在数值上是稳定的,除了完全重构条件外,还要求小波 $\psi(t)$ 的傅里叶变换满足下面稳定条件,即

$$A \leqslant \sum_{j=-\infty}^{\infty} |\hat{\psi}(2^{-j}\omega)| \leqslant B \tag{2.7}$$

式中: $0 < A \leqslant B < \infty$ 。

连续小波变换具有以下重要性质[122]:

(1) 线性:一个多分量信号的小波变换等于各个分量的小波变换之和。

(2) 平移不变性:若 $f(t)$ 的小波变换为 $W_f(a,b)$,则 $f(t-\tau)$ 的小波变换为 $W_f(a,b-\tau)$ 。

(3) 伸缩共变形性:若 $f(t)$ 的小波变换为 $W_f(a,b)$,则 $f(ct)$ 的小波变换为 $\frac{1}{\sqrt{c}}W_f(ca,cb)$,其中 $c > 0$ 。

(4) 自相似性:对应不同尺度参数 a 和不同平移参数 b 的连续小波变换之间是相似的。

(5) 冗余性:连续小波变换中存在信息表述的冗余度。

小波变换的冗余性实际上也是自相似性的直接反映,主要表现在以下两个方面:

(1) 由连续小波变换恢复信号的重构公式不是唯一的。

(2) 小波变换的核函数存在多种选择的可能。

2.2.1.3 离散小波变换

在实际运用中,尤其在计算机上实现,连续小波必须加以离散化。需要指出,在这里离散化是针对连续的尺度参数 a 和连续的平移参数 b 的,而不是针对时间变量 t 的。

通常,把连续小波变换中尺度参数 a 和平移参数 b 的离散化公式分别取作 $a = a_0^j$, $b = ka_0^j b_0$,这里 $j, k \in \mathbf{Z}$,扩展步长 $a_0 \neq 1$ 是固定值,为方便起见,总是假定 $a_0 > 1$ 。对应的离散小波函数为

$$\psi_{j,k}(t) = a_0^{\frac{-j}{2}}\psi(a_0^{-j}t - kb_0) \tag{2.8}$$

离散化小波变换系数为

$$C_{j,k} = \int_{-\infty}^{\infty} f(t)\psi_{j,k}^*(t)\,\mathrm{d}t = \langle f, \psi_{j,k} \rangle \tag{2.9}$$

其重构公式为

$$f(t) = C \sum_{j=-\infty}^{\infty} \sum_{k=-\infty}^{\infty} C_{j,k} \psi_{j,k}(t) \tag{2.10}$$

式中：C 为一个与信号无关的常数。

为了使小波变换具有可变化的时间和频率分辨率，适应待分析信号的非平稳定性，就需要改变 a 和 b 的大小，使得小波变换具有"变焦距"的功能。在实际中，通常采用二进制的动态采样网格，$a_0 = 2$，$b_0 = 1$，每个网格点对应的尺度为 2^j，而平移为 $2^j k$。由此得到的小波

$$\psi_{j,k}(t) = 2^{\frac{-j}{2}} \psi(2^{-j}t - k) \tag{2.11}$$

称为二进小波。

2.2.2 多分辨率

多分辨率概念是由 Mallat 和 Meyer 于 1986 年提出的，它可将此前所有的正交小波基的构造统一起来，使小波理论产生突破性的进展。下面简单要解释多分辨率的概念。

把平方可积的函数 $f(t) \in L^2(R)$ 看成某一逐级逼近的极限情况。每级逼近都是用某一低通平滑函数 $\phi(t)$ 对 $f(t)$ 做平滑的结果，逐级逼近时平滑函数 $\phi(t)$ 也做逐级伸缩，这就是"多分辨率"，即用不同分辨率来逐级逼近待分析函数 $f(t)$。

对空间做逐级二分解产生一组逐级包含的子空间：

$$\cdots, V_0 = V_1 \oplus W_1, V_1 = V_2 \oplus W_2, \cdots, V_j = V_{j+1} \oplus W_{j+1}, \cdots$$

j 是从 $-\infty \sim \infty$ 的整数，j 值越小，空间越大，当 $j = 4$ 时，如图 2.2 所示。

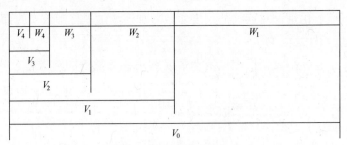

图 2.2　$j=4$ 函数空间的划分

当 $j \to \infty$ 时，$V_j \to L^2(R)$，包含整个平方可积的实变函数空间，即 $\bigcup_{j \in z} V_j = L^2(R)$。同时，空间最终剖分到空集，即 $\bigcap_{j \in z} V_j = \langle 0 \rangle$。这种剖分方式使得空间

V_j 与空间 W_j 正交,各个 W_j 之间也正交。

总之,空间 $L^2(R)$ 中的多分辨率分析是指 $L^2(R)$ 中满足下列条件的一个空间序列 $\{V_j\}_{j \in Z}$:

(1) 单调性:对任意 $j \in \mathbf{Z}$,有 $V_j \subset V_{j-1}$。

(2) 逼近性:$\underset{j \in \mathbf{Z}}{\cap} V_j = \{0\}$,$\underset{j=-\infty}{\overset{\infty}{\cup}} V_j = L^2(R)$。

(3) 伸缩性:$f(t/2) \in V_{j+1}$,$f(2t) \in V_{j-1}$,伸缩体现了尺度的变换、逼近正交小波函数的变化和空间的变化具有一致性。

(4) 平移不变性:对任意 $k \in \mathbf{Z}$,有 $\phi_j(2^{-j}t) \in V_j \Rightarrow \phi_j(2^{-j}t - k) \in V_j$。

(5) Riesz 基存在性:存在 $\phi_j(t) \in V_0$,使得 $\{\phi_j(2^{-j}t - k)\}_{k \in \mathbf{Z}}$ 构成 V_j 的 Riesz 基。如果满足条件 $A \underset{k \in \mathbf{Z}}{\sum} c_k^2 \leqslant \| \underset{k \in \mathbf{Z}}{\sum} c_k \psi_k \| \leqslant B \underset{k \in \mathbf{Z}}{\sum} c_k^2 (0 < A \leqslant B < \infty)$,并且当 $\underset{k \in \mathbf{Z}}{\sum} c_k^2 = 0$ 时,$\{\psi_k\}_{k \in \mathbf{Z}}$ 是一组线性独立族,则称 $\{\psi_k\}_{k \in \mathbf{Z}}$ 为一组 Riesz 基。

2.2.3　小波包分析

小波包是由 Coifman、Meyer 和 Wicherhauser 通过推广多分辨分析与小波间的联系而引入的[123]。用一个信号的三层分解对多分辨分析和小波包分析的分解过程的不同进行说明,如图 2.3 所示。

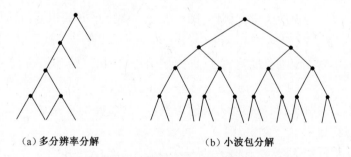

　　　（a）多分辨率分解　　　　　　　　　（b）小波包分解

图 2.3　小波多分辨率分析和小波包分析结构树

根据图 2.3 可知,多分辨率分解是将原信号频带以低频带和高频带两个子带分解到第一层,将其中的低频子带再次以低频带和高频带分解到第二层,如此分解下去可以得到很多层。而小波包分析是将每一层的所有子带均一分为二,并传至下一层。每一层的数目都是 2 的指数幂,即第一层 2 个,第二层 4 个,第三层 8 个等,以此类推。可以看出,每一层的子带都覆盖原信号所占有的频率,只是各层的分辨率不同。

多分辨分析可以对信号进行有效的时频分析,但由于其尺度是按二进制变化的,其各层具有不同的分辨率,如在高频段其频率分辨率较差,而在低频段其时间分辨率较差。小波包分析能够为信号提供更加精细的分析方法,它将频带进行多层划分,对多分辨分析没有细分的高频部分进一步分解,并能够根据被分析信号的特征,自适应地选择相应频带,使之与信号频谱相匹配,从而提高了时频分辨率,因此小波包具有更广泛的实用价值。

2.3 小波包分析在结构损伤识别中的应用

2.3.1 结构动力响应的小波包能量谱

基于小波包能量谱的损伤识别方法基本前提:当结构的激励力向量一定时,由结构损伤所引起的结构动力特性变化,必然会引起各个尺度空间(频带)上结构响应的变化,根据 Parseral 定理可知,同一信号的时域能量和频域能量是相等的,因此,结构损伤将会引起结构动力响应的能量在各个尺度空间(频带)上的重新分布[124]。其利用了小波分析与小波包分析的两个重要性质:

(1)小波变换的能量比例性,即小波变换幅度平方的积分与信号能量成正比。

(2)小波空间剖分的完整性,即原始信号空间的总能量是各子空间能量之和。

根据上面所述,设结构动力响应为 $f(t)$,其经过小波包分解后,在第 i 层分解可以得到 2^i 个子频带,则 $f(t)$ 可表示为

$$f(t) = \sum_j f_{i,j} = f_{i,0} + f_{i,1} + \cdots + f_{i,2^i-1} \quad (j = 0,1,2,\cdots,2^i - 1)$$

$$(2.12)$$

式中: $f_{i,j}$ 为第 i 层分解节点 (i,j) 上的结构动力响应。

如果 $f(t)$ 的最低频率和最高频率分别为 $\omega_{\min}$ 、$\omega_{\max}$,则在第 i 分解层每个频带的频带宽度为 $(\omega_{\max} - \omega_{\min})/2^i$ 。每个频带内结构响应 $f_{i,j}$ 的能量计算如下:

$$E_{i,j} = \sum |f_{i,j}|^2 \quad (j = 0,1,2,\cdots,2^i - 1) \tag{2.13}$$

结构动力响应 $f(t)$ 在第 i 分解层的小波包能量谱 E_i 表示为

$$E_i = (E_{i,0}, E_{i,1}, \cdots, E_{i,2^i-1}) \tag{2.14}$$

式中所定义的小波包能量谱反映了结构动力响应的能量在各个尺度空间(频带)上的分布,称为小波包频带能量谱。当结构发生损伤时,E_i 中相同频带的能量 $E_{i,j}$ 与结构健康状态时相比会有所改变,在激励向量不变时,E_i 各频带能量之和不变,所以必然造成一些频带 $E_{i,j}$ 增大,另外一些 $E_{i,j}$ 减小,因此 E_i 包含了丰富的结构损伤信息。

为了使 E_i 能够反映结构动力系统的时变特性,文献[124,125]提出了结构动力响应的时频能量谱。其各频带的能量计算如下:

$$E_{i,j,k} = \sum_{l=k-N/2}^{k+N/2} |f_{i,j}(i,l)|^2 \quad (j = 0,1,2,\cdots,2^i - 1) \tag{2.15}$$

式中:$E_{i,j,k}$ 为第 i 层分解点 (i,j) 上的结构动力响应 $f_{i,j}(i,k)$ 在以某时间点 t_k 为中心,时间间隔 Δt 内的能量;N 为时间间隔 Δt 内采样数据个数。

动力响应信号在第 i 层的分解可根据时间和频带的有序性得到小波包时频能量谱,其表达式为

$$E_{i,k} = \{E_{i,j,k}\} = \begin{bmatrix} E_{i,0,0} & E_{i,0,1} & \cdots & E_{i,0,k} & \cdots \\ E_{i,1,0} & E_{i,1,1} & \cdots & E_{i,1,k} & \cdots \\ \vdots & \vdots & & \vdots & \\ E_{i,j,0} & E_{i,j,1} & \cdots & E_{i,j,k} & \cdots \\ \vdots & \vdots & & \vdots & \\ E_{i,2^i-1,0} & E_{i,2^i-1,1} & \cdots & E_{i,2^i-1,k} & \cdots \end{bmatrix} \tag{2.16}$$

根据式(2.16)可知,小波包时频能量谱反映了结构动力响应在时域和频域的联合能量分布,充分地刻画了信号能量在不同尺度上的分布随时间的变化过程。小波包频带能量谱和小波包时频能量谱统称为结构动力响应的小波包能量谱。

2.3.2 构建结构损伤特征指标

在对响应信号进行小波包分解之前,需要考虑小波函数的选择、分解层次的确定。

小波函数种类繁多,且各种小波函数性质各异,各有优、缺点,选择什么样

的小波基函数对数据进行小波分析,会对结果产生重要的影响。然而,至今仍没有有效的理论来支撑小波函数的选择,这也是小波函数研究的一大难题。文献[124]提出采用 Daubechies 小波作为小波包能量谱损伤预警的小波函数,由于 Daubechies 小波在阶次上是没有限制的,则用 l^p 范数熵标准作为代价函数来确定 Daubechies 小波的阶次。l^p 范数熵的表达式为

$$S_L(E_i) = \sum_j |E_{i,j}|^p \text{ 或 } S_L(E_i) = \sum_k \sum_j |E_{i,j,k}|^p \qquad (2.17)$$

式中:S 为熵;$1 \leqslant p \leqslant 2$。

小波包分解层次越多,小波包对损伤越敏感,但小波包每增加一个层次分解,其分解的频带将增加 1 倍,计算负荷增大,无限次地增大分解层次不适于结构健康监测的实时性分析,所以在进行小波分解时综合考虑代价函数和计算时间,选择最优的分解层次。

在确定小波函数和分解层次后,通过小波包对结构动态响应信号进行分解从而构造结构损伤特征指标。其具体过程如下:

(1) 对结构动态响应 $f(t)$ 进行 i 层小波包分解,分解后在第 i 层可以得到 2^i 个节点,则 $f(t)$ 可以表示为

$$f(t) = \sum_{j=0}^{2^i-1} f_{i,j}(t) \qquad (j = 0, 1, \cdots, 2^i - 1)$$

式中:$f_{i,j}(t)$ 为各节点的响应函数。

(2) 求第 i 层各节点结构响应的小波包能量谱向量:

$$E_i = \{E_{i,j}\} = \left\{ \sum |f_{i,j}(t)|^2 \right\} \qquad (j = 0, 1, \cdots, 2^i - 1)$$

式中:$E_{i,j}$ 为第 i 层各节点小波包能量。

(3) 计算小波包预警指标:

① 能量比

$$I_j = \frac{E_{i,j}}{\left(\sum\limits_j^{2^i-1} E_{i,j} \right)/2^i} \qquad (j = 0, 1, \cdots, 2^i - 1) \qquad (2.18)$$

式中:$E_{i,j}$ 为小波包频带能量谱中第 i 层第 j 个节点的能量;$\left(\sum\limits_j^{2^i-1} E_{i,j} \right)/2^i$ 为小波包频带能量谱中所有频带能量的平均值。

② 能量比变化 ERV_j (Energy Ratio Variation, ERV) 为第 j 个特征频带的能量比变化:

$$\text{ERV}_j = |I_{hj} - I_{dj}| \qquad (j = 0, 1, \cdots, 2^i - 1) \qquad (2.19)$$

式中:I_{hj}、I_{dj} 分别为结构在健康状态和损伤状态下结构信号小波包频带能量

谱中第 i 层第 j 个节点的能量比。

③由于能量比变化是一个向量,不能定量的表达结构损伤信息,则定义结构损伤敏感特征(DSF)指标为

$$DSF = \sqrt{\sum_{j=0}^{2^i-1} (ERV_j - \overline{ERV})^2} \qquad (2.20)$$

式中:$\overline{ERV}$ 为所有频带能量比变化的平均值,$\overline{ERV} = (\sum_{j}^{2^i-1} ERV_j)/2^i$。

2.3.3　数值算例

2.3.3.1　数值模型

以数值模型模拟实验为例对小波包能量谱的特性进行研究。数值模型为简单的悬臂梁结构,长 15m,模型截面尺寸为 0.3m×0.5m,模型材料密度为 7800kg/m³,弹性模量为 2.1×10¹¹Pa,泊松比为 0.26,数值模拟实验平台为大型有限元软件 ABAQUS 6.9,模型被划分为 4 个单元,单元节点分别为 S_1、S_2、S_3、S_4,如图 2.4 所示。

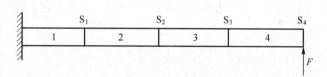

图 2.4　悬臂梁仿真模型

通过单元刚度的降低模拟损伤工况:损伤工况 1,单元 3 刚度降低 10%;损伤工况 2,单元 3 刚度降低 30%。刚度的降低通过改变弹性模量来实现。

2.3.3.2　荷载不变时损伤识别分析

如图 2.4 所示,对结构进行激励,激励位置在测点节点 S_4 位置。在结构无损伤状态和损伤状态下,激励荷载不变,激励荷载为 Matlab7.70 自带函数所生成的随机荷载。分别获取结构在无损伤状态,损伤工况 1 以及损伤工况 2 时各个测点的加速度信号。以损伤位置测点 S_3 采集信号进行分析,在三种工况下,其采集的加速度信号如图 2.5 所示。

由图 2.5 所示,在不同结构状态下,测点 S_3 测量数据差别不大,不能通过测量数据直接判别哪组数据对应哪种结构状态,即直接测量的数据包含结构

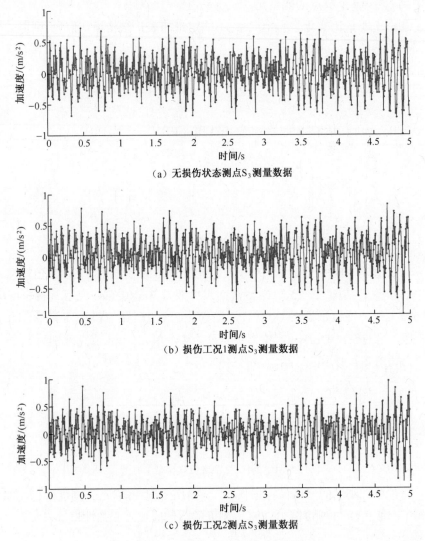

（a）无损伤状态测点S_3测量数据

（b）损伤工况1测点S_3测量数据

（c）损伤工况2测点S_3测量数据

图 2.5　不同结构状态下测点 S_3 测量数据

损伤信息的特征性不强。对三组数据分别进行小波包分析,小波函数为db25,分解层次为 5。则可得原始信号第 5 分解层的各节点能量,设为 $E_{5,j}$ $(j=0,1,\cdots,31)$,在三种结构状态下,求小波包分解各节点的能量在不同结构状态下的变化率,变化率为

$$V_j^e = \frac{\left| E_{5,j}^u - E_{5,j}^d \right|}{E_{5,j}^u} \qquad (j = 0,1,\cdots,31) \qquad (2.21)$$

式中: $E_{5,j}^u$ 为结构健康状态时某测点加速度信号小波包分解第 5 层第 j 个节点

能量；$E_{5,j}^d$ 结构损伤状态与测点加速度信号相应的小波包节点能量。

在三种结构状态下，小波包分解节点能量及其变化如表 2.1 所列，其中各数值保留两位有效数字。

表 2.1　不同结构状态下小波包节点能量及其变化

小波包节点符号	节点能量 E (10^3)			变化率 V^e/%	
	无损伤状态	损伤工况 1	损伤工况 2	损伤工况 1	损伤工况 2
(5,0)	0.86	0.84	0.79	2.77	7.50
(5,1)	0.76	0.75	0.74	0.36	1.49
(5,2)	5.57	5.67	5.91	1.78	5.87
(5,3)	1.52	1.56	1.63	2.50	7.18
(5,4)	1.20	1.20	1.23	0.24	3.08
(5,5)	1.15	1.16	1.17	0.61	2.00
(5,6)	3.32	3.30	3.22	0.47	3.05
(5,7)	1.63	1.64	1.61	0.55	1.23
(5,8)	0.88	0.92	1.04	4.48	18.00
(5,9)	0.86	0.89	0.98	3.65	14.39
(5,10)	1.05	1.07	1.09	2.47	4.24
(5,11)	0.98	1.01	1.06	3.53	8.17
(5,12)	0.97	0.973	1.01	0.14	4.34
(5,13)	1.23	1.233	1.25	0.29	1.73
(5,14)	0.91	0.93	0.92	2.39	1.12
(5,15)	1.22	1.23	1.23	0.58	0.29
(5,16)	0.63	0.67	0.75	6.55	18.99
(5,17)	0.60	0.64	0.71	6.18	18.17
(5,18)	0.46	0.493	0.56	6.60	21.53
(5,19)	0.60	0.643	0.73	6.59	20.84
(5,20)	0.32	0.33	0.48	2.44	51.77
(5,21)	0.35	0.34	0.42	5.01	19.35
(5,22)	0.46	0.492	0.56	7.25	23.48
(5,23)	0.57	0.612	0.72	6.90	25.92
(5,24)	1.05	1.11	1.26	4.96	20.09
(5,25)	1.06	1.12	1.34	5.81	27.13

小波包节点符号	节点能量 E (10^3)			变化率 V^e/%	
	无损伤状态	损伤工况1	损伤工况2	损伤工况1	损伤工况2
(5,26)	1.12	1.30	1.96	15.48	74.97
(5,27)	1.02	1.10	1.46	7.21	42.83
(5,28)	0.62	0.46	0.51	25.69	17.25
(5,29)	1.65	1.05	0.38	36.12	76.90
(5,30)	1.35	1.60	2.03	19.13	50.35
(5,31)	2.25	2.45	0.86	8.74	61.70

如表 2.1 所列,在损伤工况 1 时,其信号小波包第 5 层分解所有节点能量因为损伤都产生了不同的变化,低频段节点能量变化较小,高频段能量变化较大,其中能量变化率最大达 36.12%。在损伤工况 2 时,由于损伤的增大,虽然各节点小波包能量变化加剧,但还是出现在低频段变化较小,高频段变化较大的趋势,其能量变化率最大达 76.90%。在相同结构状态下,分别提取结构的前 8 阶频率,以结构频率对结构损伤的敏感性和小波包节点能量进行对比分析,不同结构状态下其前 8 阶频率值以及频率变化率如表 2.2 所列。频率变化率为

$$V_j^f = \frac{|f_j^u - f_j^d|}{f_j^u} \qquad (j = 0, 1, \cdots, 8) \tag{2.22}$$

式中:f_j^u 为结构未损伤状态时第 j 阶固有频率;f_j^d 为结构损伤状态时第 j 阶固有频率。

表 2.2　不同结构状态下前 8 阶频率及其变化率

频率阶次	频率/Hz			变化率 V^f/%	
	无损伤状态	损伤工况1	损伤工况2	损伤工况1	损伤工况2
1	11.14	11.11	11.02	0.28	1.05
2	18.56	18.51	18.36	0.27	1.05
3	69.29	67.80	64.03	2.16	7.60
4	115.06	112.58	106.35	2.16	7.57
5	192.74	189.52	182.07	1.67	5.54
6	318.40	313.06	300.74	1.68	5.55
7	375.23	370.79	359.03	1.18	4.32
8	442.32	438.50	427.87	0.86	3.27

根据表 2.2 可知,结构在损伤状态其频率会因为损伤而与结构健康状态有所差别,但变换不大,在损伤工况 1 时,频率变化率最大为 2.16%,即使在大损伤工况下(损伤工况 2),其频率变化率最大仅为 7.60%。而在实际测量中不可避免地会受到噪声干扰或环境影响,频率的变化会很容易被外在因素影响覆盖,难以区分结构频率的变化是由于结构自身的损伤,还是外在因素的影响而产生的,这也是基于结构频率的损伤识别方法难以在实际工程中得到很好应用的重要原因之一。

根据式(2.18)~式(2.20)计算结构不同状态下的损伤敏感特征指标 DSF_i ($i = 1, 2$,分别代表结构损伤工况 1 和损伤工况 2)。由传感器 S_1~S_4 采集信号进行小波包分析结果如表 2.3 所列。

表 2.3　各传感器损伤识别结果

损伤敏感特征指标	S_1	S_2	S_3	S_4
DSF_1	1.63	1.49	0.53	1.25
DSF_2	4.36	3.97	1.60	3.29

本节主要目的是验证在荷载不变时,小波包能量谱对结构损伤的敏感性,在仿真中没有掺入噪声的干扰,所以作为结构损伤判别参考的结构健康状态损伤敏感特征指标 DSF^u 值为 0,在表 2.3 中没有显示。从表 2.3 中可知,在结构损伤时其损伤敏感特征指标有了明显的变化,以传感器 S_3 判别结果为例,在损伤工况 1 时其值为 0.53,在损伤工况 2 时其值为 1.60,其他传感器更加明显。所有传感器识别结果显示:基于小波包节点能量的损伤敏感特征指标不但可以判别结构是否存在损伤,而且可以定性的判别结构的损伤程度。

2.3.3.3　荷载不同时损伤识别分析

由于结构信号的小波包能量谱不是结构固有的动力参数,其值和结构的外部激励有很大的关系,在不同荷载下其值是不同的。在实际应用中,即使是人为的激振,都不能保证结构所受荷载恒定不变,因此研究在不同荷载下基于小波包能量谱的损伤识别方法更加具有实际意义。自定义两种不同的冲击荷载作为激励 1 和激励 2 对结构进行激励(在同种结构状态时),激励时程数据如图 2.6 所示,则由每个测点可得两组不同的结构加速度数据,分别对传感器 S_1、S_2、S_3 和 S_4 在两种不同激励下采集数据进行 5 层小波包分析,小波函数为 db25,分解结果如图 2.7~图 2.10 所示。

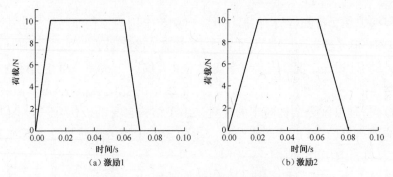

（a）激励1　　　　　　　　　　（b）激励2

图 2.6　两种不同激励的时程数据

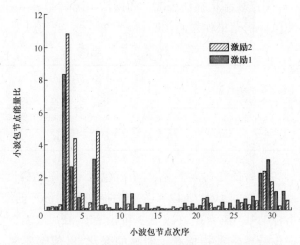

图 2.7　不同激励下 S_1 采集信号小波包能量谱

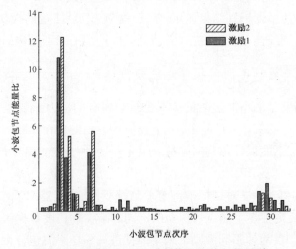

图 2.8　不同激励下 S_2 采集信号小波包能量谱

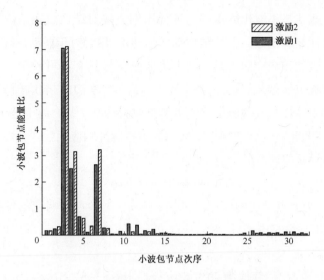

图 2.9　不同激励下 S_3 采集信号小波包能量谱

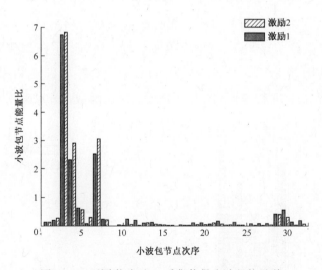

图 2.10　不同激励下 S_4 采集信号小波包能量谱

由图 2.7~图 2.10 可知,在相同结构状态(损伤工况 2),对所有测点在两种不同激励下的采集数据进行小波包分解,并计算其小波包节点能量比。计算结果显示:由相同测点所得小波包节点能量比不同,特别是由测点 S_1 和 S_2 所采集数据的分析结果,其变化更加明显。由此可得,激励不同会造成结构损伤敏感特征指标的改变,则在此种情况下会对结构的状态产生误判。

为了降低基于小波包能量谱的损伤识别方法对结构激励的依赖性,本章引入虚拟脉冲响应函数。根据结构动力学理论可知,对于振动系统,脉冲响应函数体现了激励和响应的关系。但环境激励信号具有不可预知性,无法得到系统的脉冲响应信号。假设系统一个点(称为参考点)的响应信号作为系统的激励信号来计算与其他测点之间的脉冲响应函数[124]。由于这个激励是虚拟存在的,因此此时的脉冲响应函数称为虚拟脉冲响应函数。

虚拟脉冲响应函数的计算公式简述如下:

$$Y(\omega) = H(\omega)U(\omega) \tag{2.23}$$

式中:$Y(\omega)$ 为测点响应的傅里叶变换;$U(\omega)$ 为参考点响应的傅里叶变换;$H(\omega)$ 为虚拟频率响应函数,对 $H(\omega)$ 进行傅里叶反变换就得到虚拟脉冲响应函数。

以 S_1 为参考点,其他测点为响应,分别求 S_1-S_2、S_1-S_3、S_1-S_4 之间的虚拟脉冲响应函数,分别用 $h_{1\_2}(t)$、$h_{1\_3}(t)$ 以及 $h_{1\_4}(t)$ 表示。在结构健康状态,分别计算在两种不同激励下 $h_{1\_2}^1(t)$、$h_{1\_3}^1(t)$、$h_{1\_4}^1(t)$ 以及 $h_{1\_2}^2(t)$、$h_{1\_3}^2(t)$、$h_{1\_4}^2(t)$,其中上角标 1 和 2 分别表示在激励 1 和激励 2 时采集数据计算所得。分别对 $h_{1\_2}^1(t)$、$h_{1\_3}^1(t)$、$h_{1\_4}^1(t)$ 以及 $h_{1\_2}^2(t)$、$h_{1\_3}^2(t)$、$h_{1\_4}^2(t)$ 进行 5 层小波包分解,小波函数为 db25,分解结果如图 2.11~图 2.13 所示。

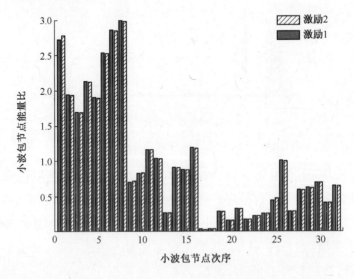

图 2.11　$h_{1\_2}(t)$ 小波包节点能量比

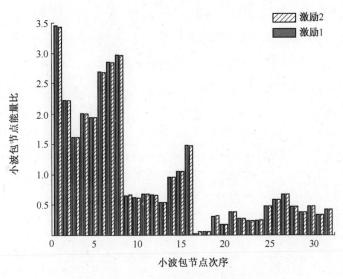

图 2.12　$h_{1\_3}(t)$ 小波包节点能量比

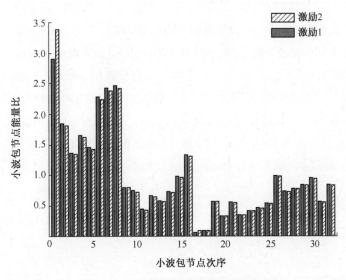

图 2.13　$h_{1\_4}(t)$ 小波包节点能量比

由图 2.11～图 2.13 可知,相同虚拟脉冲响应函数在不同激励下的小波包节点能量比虽然还有细微差别,但相比于直接通过传感器采集信号的小波包节点能量比变化要小得多,可认为是噪声影响或由计算误差所造成的。由此可知,虚拟脉冲响应函数能够在很大程度上降低小波包能量谱法对于结构激励的依赖性。同样,在损伤工况 1 和损伤工况 2 时,通过虚拟脉冲响应函数和传感器直接测量信号进行小波包分解,计算不同激励下不同分解信号时,结构损伤敏感特征指标的变化,计算结果如表2.4、表2.5所列。

表2.4　直接测量信号计算损伤敏感特征指标

DSF	S_1			S_2			S_3			S_4		
	e_1	e_2	$V/\%$	e_1	e_2	$V/\%$	e_1	e_2	$V/\%$	e_1	e_2	$V/\%$
DSF_1	0.93	0.56	39.7	0.61	0.30	50.8	0.12	0.14	16.7	0.35	0.16	54.2
DSF_2	3.52	4.64	31.8	2.43	3.81	56.8	1.69	1.93	14.2	1.58	2.11	33.5

表2.5　虚拟脉冲响应函数损伤敏感特征指标

DSF	$h_{1\_2}(t)$			$h_{1\_3}(t)$			$h_{1\_4}(t)$		
	e_1	e_2	$V/\%$	e_1	e_2	$V/\%$	e_1	e_2	$V/\%$
DSF_1	0.73	0.76	4.11	0.63	0.62	1.59	0.69	0.73	5.89
DSF_2	11.22	11.23	0.08	11.51	11.51	0.001	11.52	11.63	1.04

表2.4、表2.5中,e_1、e_2分别表示激励1、激励2,$V = |DSF^{e_1} - DSF^{e_2}|/DSF^{e_1}$为在两种不同激励下的损伤敏感特征指标变化率。从表2.4、表2.5中可知,相同结构状态时,直接对传感器采集数据进行小波包分解,其所得损伤敏感特征指标在不同激励下变化很大,变化率最大达56.8%,而对虚拟脉冲响应函数进行小波包分解并计算损伤敏感特征指标,其在不同激励下变化率大大降低,变化率最大为5.89%。由此可知,运用虚拟脉冲响应函数可以提高小波包能量谱对激励荷载的鲁棒性,这也极大地推动了小波包能量谱在工程实际的应用。

2.4　实验研究

本章用小波包能量谱法识别钢框架结构的损伤存在,钢框架结构如图2.14(a)所示,关于钢框架结构的具体尺寸,各部件的连接在下面章节将详细叙述,在此先不做描述。传感器位置激励装置如图2.14所示,激励为随机激励,采样频率为1024Hz,采样时间为10s,在激励5s后开始采样,每种结构状态进行8次实验,即每个工况可得8组实验数据,实验测试仪器为DH5920N系统。以图中传感器S_1和S_2之间的虚拟脉冲响应函数作为小波包分解对象,并计算结构损伤敏感特征指标值。

图 2.14　实验模型及损伤位置

　　本实验设计三个实验工况:工况 1,结构健康状态;工况 2,次梁和主梁之间的连接松动;工况 3 主梁下翼缘断裂。损伤位置如图 2.14(b)和(c)所示,其中损伤模拟的实现参见 4.4.2 节。根据本章所述方法对结构损伤进行识别,识别结果如图 2.15、图 2.16 所示。

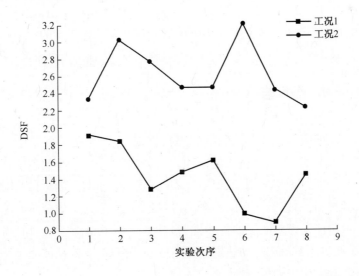

图 2.15　工况 2 识别结果

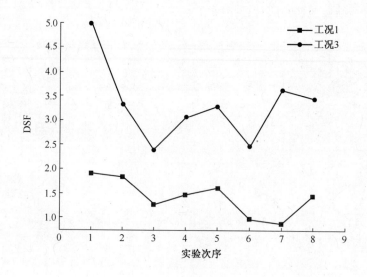

图 2.16　工况 3 识别结果

如图 2.15、图 2.16,在工况 1(结构无损伤状态)时,结构损伤敏感特征指标值的变化范围为 0.9~1.9;在工况 2 时(次梁和主梁的连接松动)时,结构损伤敏感特征指标值的变化范围为 2.3~3.2;在工况 3 时(主梁下翼缘断裂),结构损伤敏感特征指标值的变化范围为 2.5~4.9。实验对于损伤的模拟相对于整体结构来说是小损伤,而实验采集的加速度数据是结构整体状态的反映,所以可以认为本章实验是识别结构存在的小损伤。由识别结果可知,基于小波包能量谱的损伤识别方法可以清晰地判别结构存在的小损伤。

2.5　本章小结

本章主要研究了基于小波分析的损伤识别方法,介绍了基于小波分析损伤识别方法的分类、小波分析法的原理,并着重研究了基于小波包能量谱的损伤识别方法。通过理论分析,数值算例验证,研究了小波包能量谱法对于结构损伤的敏感性;针对该方法对结构激励源的依赖性,引入了虚拟脉冲响应函数增强了小波包能量谱对激励的鲁棒性;最后通过钢框架结构模型的损伤识别实验,用小波包能量谱成功的识别结构两种损伤模式,有效地证明了小波包能量谱法在实际应用中的可行性。

第3章
降低环境温度对损伤识别结果的影响

3.1 引言

　　近年来,基于结构动态响应的损伤识别方法具有可以评价结构的整体性、效费比优、易于在线实现等优点,而成为结构整体评价技术中最重要的一种方法,是结构损伤识别与健康诊断研究的热点和难点。对基于结构动态响应的损伤识别方法的种类和现状在绪论中已经进行了详细说明,在这不赘述。绝大多数情况下,对于此类方法的研究是在假设环境固定不变的情况下进行的。实际上,结构动态响应受环境影响较大,特别是环境温度的影响,而这些影响会掩盖结构损伤所造成的动态响应变化。文献[126]指出,对于中小、跨径桥梁,由于环境因素的影响,其固有频率的变异可达10%以上,远远超过了一般结构损伤所引起的变化量。文献[127]研究了润扬大桥悬索桥236天的小波包能量谱与温度实测数据的季节相关性,指出季节温度的变化对润扬大桥悬索桥的小波包能量谱响应较大,其小波包能量谱特征频带能量比在一年中因温度的变化而发生平均约200%的变化。由此可知,环境温度对结构振动特性的影响不可避免地对损伤识别结果产生重大的影响,在很多情况下,这种影响会造成对结构状态的误判,极端情况下有可能会导致事先可以避免的灾害性事故。所以,如何有效地降低环境温度对损伤识别结构的影响是目前基于结构动态响应损伤识别方法亟待解决的问题。

　　目前,研究怎样降低环境温度对损伤识别结果的影响的方法报道不多,从总体上大致可分为两种:第一种是实时测量大量的环境温度和相对应的振动数据(或损伤敏感特征指标)样本,通过建立环境温度和损伤敏感特征指标之间的数学模型来实施降低环境温度变量对损伤识别结果的影响,李爱群、丁幼亮等以苏通大桥2008年至2009年间240天的监测数据为研究对象,对苏通大桥主梁实测小波包能量谱与温度的季节相关性进行了详细的分析,采用 6 次多项式对小波包能量和温度进行了统计建模以降低环境温度对损伤特征指标的影响[128];第二种是直接利用结构动态测量数据,把环境变量作为影响结构动态测量值的潜在变量,通过某种线性或非线性变换,提取出环境温度对损伤特征指标的影响,Yan 等对不同环境温度条件下的结构频率向量构建样本矩阵,用主成分分析法提取样本矩阵的主成分残差,以此降低环境温度对损伤敏感特征指标的影响,并通过先对样本数据分类,再对各类数据分别进行主成分分析的思想,实现了主成分分析对温度-结构动态响应非线性关系的提取[27,28]。

第一种降低温度响应的方法易于实现,但有其自身的缺点,如温度传感器数量以及位置的确定,温度传感器的优化布置,传感器测量信息的准确率等[129],且一旦建立好温度与结构损伤敏感特征指标的关系后,温度传感器安装位置必须固定不变,一旦传感器位置有所变动,建立的温度—损伤敏感特征指标的关系就会失效。第二种方法不需要测量环境温度变量,只是把环境温度变量作为影响结构的潜在因素,通过某种线性或非线性变换实现降低环境温度对损伤敏感特征指标的影响,这种变换方法有多种,如主成分分析法、因子分析法[130]、自联想神经网络法[131,132]等。

本章以钢框架仿真模型为研究对象,以结构加速度小波包系数节点能量谱和小波包能量谱为损伤特征敏感指标,获取在不同温度下结构的损伤特征敏感指标样本,分别通过主成分分析、因子分析来降低温度对损伤敏感特征指标的影响。

3.2 主成分分析

在研究某个问题时,常常会涉及众多变量,虽然变量越多越能全面地描述问题,但同时也给合理的分析问题和解释问题带来了困难。一般来说,每个变量都包含了一定的信息,但其重要性有所不同,实际上大多数情况下这些变量之间存在着一定的相关性,从而使得这些变量所提供的信息冗余。因而人们希望利用这种相关性对这些变量加以"改造",用维数较少的新变量来反映原变量所提供的大部分信息,通过对新变量的分析达到解决问题的目的。而主成分分析正是将多个指标转化为少数几个综合指标的一种常用多元统计分析方法。

主成分分析(Principal Component Analysis,PCA)是由霍特林(Hotelling)于1933年首先提出来的。主成分分析主要是利用降维的思想,在保留原始变量尽可能多的信息前提下把多个指标转化为几个综合指标的多元统计方法。通常把转化生成的综合指标称为主成分,而每个主成分都是原始变量的线性组合,但各个主成分之间没有相关性,这使得主成分比原始变量具有某些更优越的反映问题实质的性能[133]。

3.2.1　主成分模型

设 $X_1,X_2,\cdots,X_p$ 为所研究对象的 p 个变量,则由研究对象的 n 个样本可构成原始数据资料矩阵为

$$X = \begin{bmatrix} x_{11} & x_{12} & \cdots & x_{1p} \\ x_{21} & x_{22} & \cdots & x_{2p} \\ \vdots & \vdots & & \vdots \\ x_{n1} & x_{n2} & \cdots & x_{np} \end{bmatrix} \tag{3.1}$$

主成分分析把 p 个变量转变为 m 个新的指标 $Y_1,Y_2,\cdots,Y_m$,其中 $m \leqslant p$,希望用 m 个新指标尽可能地反映原始变量的信息。这里,"信息"用新的变量的方差来度量,即 $\mathrm{Var}(Y_i)$ 越大,表示 Y_i 所含的原始变量的信息越多,且这些新的指标之间互相独立。这种由研究多个变量降为少数几个综合变量的过程在数学上叫做降维。主成分的通常做法是,对 X 做正交变换,寻找原指标的线性组合 Y_i:

$$\begin{cases} Y_1 = u_{11}X_1 + u_{21}X_2 + \cdots + u_{p1}X_p \\ Y_2 = u_{12}X_1 + u_{22}X_2 + \cdots + u_{p2}X_p \\ \qquad\qquad\qquad \vdots \\ Y_p = u_{1p}X_1 + u_{2p}X_2 + \cdots + u_{pp}X_p \end{cases} \tag{3.2}$$

式(3.2)满足如下条件:

(1) 每个主成分的系数平方和为1,即

$$u_{1i}^2 + u_{2i}^2 + \cdots + u_{pi}^2 = 1 \tag{3.3}$$

(2) 主成分之间相互独立,无信息重叠,即

$$\mathrm{Cov}(Y_i,Y_j) = 0 \quad (i \neq j;i,j = 1,2,\cdots,p) \tag{3.4}$$

(3) 主成分方差依次递减,对原始数据资料矩阵的贡献逐次降低,即

$$\mathrm{Var}(Y_1) \geqslant \mathrm{Var}(Y_2) \geqslant \cdots \geqslant \mathrm{Var}(Y_p)$$

由以上条件确定的综合变量 $Y_1, Y_2, \cdots, Y_p$ 分别为原始数据资料矩阵的第一主成分、第二主成分，$\cdots$，第 p 个主成分。各主成分在总方差中的比例逐次减小，在研究实际问题时，通常挑选前几个方差最大的主成分，从而达到数据降维的目的。

3.2.2 主成分的求解

设有 n 个样本，每个样本有 p 个观测变量，分别记为 $X_1, X_2, \cdots, X_p$，则 n 个样本可构成原始数据资料矩阵 $\boldsymbol{X} \in R^{n \times p}$，如式(3.1)所示。其均值向量与协方差矩阵分别记为

$$\boldsymbol{\mu} = \boldsymbol{E}(\boldsymbol{X})$$

$$\boldsymbol{\Sigma} = \boldsymbol{E}(\boldsymbol{X} - \boldsymbol{EX})(\boldsymbol{X} - \boldsymbol{EX})^{\mathrm{T}} = \begin{bmatrix} \sigma_{11}^2 & \sigma_{12} & \cdots & \sigma_{1p} \\ \sigma_{21} & \sigma_{22}^2 & \cdots & \sigma_{2p} \\ \vdots & \vdots & & \vdots \\ \sigma_{p1} & \sigma_{p2} & \cdots & \sigma_{pp}^2 \end{bmatrix} \tag{3.5}$$

$\boldsymbol{\Sigma}$ 为非负定矩阵，求其特征根为 $\lambda_1, \lambda_2, \cdots, \lambda_p$，不妨设 $\lambda_1 \geqslant \lambda_2 \geqslant \cdots \geqslant \lambda_p > 0$，其相对应的特征向量分别为 $\boldsymbol{u}_1, \boldsymbol{u}_2, \cdots, \boldsymbol{u}_p$，令

$$\boldsymbol{U} = (\boldsymbol{u}_1, \boldsymbol{u}_2, \cdots, \boldsymbol{u}_p) = \begin{bmatrix} u_{11} & u_{12} & \cdots & u_{1p} \\ u_{21} & u_{22} & \cdots & u_{2p} \\ \vdots & \vdots & & \vdots \\ u_{p1} & u_{p2} & \cdots & u_{pp} \end{bmatrix} \tag{3.6}$$

式中：$u_1, u_2, \cdots, u_p$ 也称为主成分得分。

$\boldsymbol{X}$ 的第 i 主成分可表示为

$$Y_i = u_{1i}X_1 + u_{2i}X_2 + \cdots + u_{pi}X_p \quad (i = 1, 2, \cdots, p) \tag{3.7}$$

通常总体的协方差矩阵 $\boldsymbol{\Sigma}$ 不能得到，可用样本协方差矩阵估计值 S 来代替，S 的估计值计算如下：

$$\boldsymbol{S} = (s_{ij})_{p \times p} = \frac{1}{n-1} \sum_{k=1}^{n} (X_k - \overline{\boldsymbol{X}})(X_k - \overline{\boldsymbol{X}})^{\mathrm{T}} \tag{3.8}$$

其中

$$\overline{\boldsymbol{X}} = (\overline{x_1}, \overline{x_2}, \cdots, \overline{x_p})^{\mathrm{T}}, \overline{X}_j = \frac{1}{n} \sum_{i=1}^{n} x_{ij} \quad (j = 1, 2, \cdots, p)$$

$$s_{ij} = \frac{1}{n-1} \sum_{k=1}^{n} (x_{ki} - \overline{x_i})(x_{kj} - \overline{x_j}) \quad (i, j = 1, 2, \cdots, p)$$

主成分分析的主要目的是降维,则在解决实际问题时,一般不取 p 个主成分,而是根据累积贡献率的大小取前 m 个。前 m 个主成分的累积贡献率定义为

$$I = \sum_{i=1}^{m} \lambda_i / \sum_{i=1}^{p} \lambda_i \qquad (3.9)$$

即前 m 个主成分的方差在全部方差中所占的比例反映了前 m 个主成分对原来 p 个变量的解释能力。在实际问题中,通常选取 $m < p$,使前 m 个主成分的累积贡献率达到一定的比例,如 80% 或 90%。这样使用前 m 个主成分代替原变量进行分析,不但起到降维的目的,并且能够保留原始变量的大部分信息。

3.2.3 主成分分析几何意义

为了更加形象地解释主成分分析的思想,在二维空间讨论主成分的几何意义。设有 n 个样本,每个样本有两个观测变量 x_1 和 x_2,在由变量 x_1 和 x_2 确定的二维平面中描绘 n 个样本的散点图,假设散点图呈椭圆分布,如图 3.1 所示。由图 3.1 可知,这 n 个样本在两坐标轴上都具有较大的离散性,其离散的程度可以分别用样本变量的方差定量表示。显然,在原坐标轴中,样本的任何一个变量都不能代替原始数据。

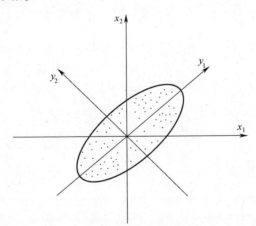

图 3.1　n 个样本的散点图和坐标平面

将原坐标轴先平移,再同时按逆时针方向旋转一定的角度得到新的坐标轴,如图 3.1 所示的 y_1 和 y_2。旋转后使得 n 个样本在 y_1 轴方向上的离散程度最大,即 y_1 的方差最大。变量 y_1 解释了原始数据的绝大部分信息,在研究实际问题时,用 y_1 代替原始数据变量对问题进行分析,则对分析结果不会产生

太大影响。上述的坐标变换过程即主成分分析的求解过程。

3.2.4　主成分残差

根据式(3.1)、式(3.2)、式(3.6)可得,原始资料矩阵 $\boldsymbol{X}$ 的主成分为

$$\boldsymbol{Y} = (u_1, u_2, \cdots, u_p)^{\mathrm{T}} \begin{bmatrix} x_{11} & x_{12} & \cdots & x_{1p} \\ x_{21} & x_{22} & \cdots & x_{2p} \\ \vdots & \vdots & & \vdots \\ x_{n1} & x_{n2} & \cdots & x_{np} \end{bmatrix} = \boldsymbol{UX} \qquad (3.10)$$

式中: $\boldsymbol{Y} = (Y_1, Y_2, \cdots, Y_p)^{\mathrm{T}}$ 。

由于 $\boldsymbol{U}$ 是正交矩阵,则 $\boldsymbol{UU}^{\mathrm{T}} = 1$,于是由式(3.10)可得 $\boldsymbol{X} = \boldsymbol{U}^{\mathrm{T}}\boldsymbol{Y}$,即根据主成分得分可以重建原始数据资料矩阵。如前所述,在解决实际问题时,一般不取 p 个主成分,而是根据累积贡献率的大小取前 m ($m < p$)个,记为 $\boldsymbol{Y}_m$,根据式(3.10) $\boldsymbol{Y}_m$ 计算如下:

$$\boldsymbol{Y}_m = (u_1, u_2, \cdots, u_m)^{\mathrm{T}} \begin{bmatrix} x_{11} & x_{12} & \cdots & x_{1p} \\ x_{21} & x_{22} & \cdots & x_{2p} \\ \vdots & \vdots & & \vdots \\ x_{n1} & x_{n2} & \cdots & x_{np} \end{bmatrix} = \boldsymbol{U}_m\boldsymbol{X} \qquad (3.11)$$

由式 $\widetilde{\boldsymbol{X}} = \boldsymbol{U}_m^{\mathrm{T}}\boldsymbol{Y}_m$ 得到的矩阵 $\widetilde{\boldsymbol{X}}$ 可以作为原始数据资料矩阵的近似,而主成分残差则表示如下:

$$\varepsilon = \boldsymbol{X} - \widetilde{\boldsymbol{X}} = \boldsymbol{X} - \boldsymbol{U}_m^{\mathrm{T}}\boldsymbol{Y}_m \qquad (3.12)$$

3.3　因子分析

因子分析(Factor Analysis,FA)的现代起源在 20 世纪早期,是 Pearson,Spearman 及其他一些学者为定义和测定智力所做的努力而提出的[134]。因子分析是主成分分析的推广和发展,它也是研究相关矩阵或协差阵的内部依赖关系,将一些具有错综复杂关系的变量归结为少数几个综合变量的一种多元统计方法。

因子分析主要应用有两个方面:一是寻找基本结构,简化观测系统;二是

简化数据,通过因子分析,可以用找出少数几个因子代替原来的变量作回归分析、聚类分析、判别分析等。

因子分析根据研究对象可以分为 R 型因子分析和 Q 型因子分析。两种因子分析的处理方法一样,只是出发点不同:R 型因子分析是对变量进行因子分析,是从变量的相关阵出发;Q 型因子分析是对样品进行因子分析,从样品相似阵出发。其基本思想是根据相关性大小把原始变量分组,使得同组内变量之间相关性较高,而不同组的变量间的相关性较低。每组变量代表一个基本结构,并用一个不可观测的综合变量表示,这个基本结构称为公共因子。对于某个具体问题,原始变量可以分解成两部分之和的形式:一部分是少数几个不可测的公共因子线性函数,另一部分是与公共因子无关的特殊因子。

因子分析具有以下特点:①因子变量的数目远小于原始变量的数目;②因子变量不是对原始变量的取舍,而是根据原始变量的信息进行重新组合,能够反映原有变量大部分的信息;③因子变量不存在线性相关关系,对变量的分析比较方便;④因子变量具有命名解释性,即该变量是对某些变量信息的综合与反应。

因子分析和主成分分析有很大不同:①主成分分析不能作为一个模型来描述,它只能作为一般的变量变换,是各观测变量的线性组合,而因子分析需要构造一个因子模型,公共因子一般不能表示为原始变量的线性组合;②因子分析中的因子一般能够找到实际意义,而主成分分析的主成分综合性强,一般找不出实际意义[133]。

3.3.1　正交因子模型

设 $X = (X_1, X_2, \cdots, X_p)^{\mathrm{T}}$ 是可观测的随机向量,其数学期望 $E(X) = \boldsymbol{\mu}$,方差 $\mathrm{Var}(X) = \boldsymbol{\Sigma}$ 。$F = (F_1, F_2, \cdots, F_m)^{\mathrm{T}}$ ($m < p$)是不可观测的随机向量,其数学期望 $E(F) = 0$,方差 $\mathrm{Var}(F) = I$,I 为单位矩阵。设 $\boldsymbol{\varepsilon} = (\varepsilon_1, \varepsilon_2, \cdots, \varepsilon_p)^{\mathrm{T}}$ 与 F 互不相关,其数学期望 $E(\boldsymbol{\varepsilon}) = 0$,方差 $\mathrm{Var}(\boldsymbol{\varepsilon}) = \mathrm{diag}(\sigma_1, \sigma_2, \cdots, \sigma_p)$ 为对角矩阵。假定 X 满足如下模型:

$$\begin{cases} X_1 - \mu_1 = l_{11}F_1 + l_{12}F_2 + \cdots + l_{1m}F_m + \varepsilon_1 \\ X_2 - \mu_2 = l_{21}F_1 + l_{22}F_2 + \cdots + l_{2m}F_m + \varepsilon_2 \\ \quad\quad\quad\quad\quad\quad\quad\vdots \\ X_p - \mu_p = l_{p1}F_1 + l_{p2}F_2 + \cdots + l_{pm}F_m + \varepsilon_p \end{cases} \quad (3.13)$$

式(3.3.1)称为正交因子模型,可写成矩阵的形式

$$\mathop{X}_{(p\times 1)} - \mathop{\boldsymbol{\mu}}_{(p\times 1)} = \mathop{\boldsymbol{L}}_{(p\times m)} \mathop{\boldsymbol{F}}_{(m\times 1)} + \mathop{\boldsymbol{\varepsilon}}_{(p\times 1)} \tag{3.14}$$

式中:$\boldsymbol{F} = (F_1, F_2, \cdots, F_m)^{\mathrm{T}}$,$F_1, F_2, \cdots, F_m$ 称为 $\boldsymbol{X}$ 的公共因子;$\boldsymbol{\varepsilon} = (\varepsilon_1, \varepsilon_2, \cdots, \varepsilon_p)^{\mathrm{T}}$,$\varepsilon_1, \varepsilon_2, \cdots, \varepsilon_p$ 称为 $\boldsymbol{X}$ 的特殊因子。系数 l_{ij} 为第 i 个变量在第 j 个因子上的荷载,故矩阵 $\boldsymbol{L}$ 称为因子荷载矩阵。在这里,$\mathrm{Cov}(\boldsymbol{F}, \boldsymbol{\varepsilon}) = 0$,即公共因子和特殊因子互不相关,且假设特殊因子互不相关。这也是因子分析不同于主成分分析的地方,主成分分析残差彼此是相关的,因子分析中的特殊因子也起着残差的作用,它们彼此之间是互不相关的。

根据以上分析,可得如下正交因子模型的协方差结构:

$$\mathrm{Cov}(\boldsymbol{X}) = E(\boldsymbol{X} - \boldsymbol{\mu})(\boldsymbol{X} - \boldsymbol{\mu})^{\mathrm{T}} = E(\boldsymbol{LF} + \boldsymbol{\varepsilon})(\boldsymbol{LF} + \boldsymbol{\varepsilon})^{\mathrm{T}} = \boldsymbol{L}^{\mathrm{T}}\boldsymbol{L} + \boldsymbol{D} \tag{3.15}$$

$$\mathrm{Cov}(\boldsymbol{X}, \boldsymbol{F}) = E(\boldsymbol{X} - \boldsymbol{\mu})\boldsymbol{F}^{\mathrm{T}} = \boldsymbol{L}E(\boldsymbol{FF}^{\mathrm{T}}) + E(\boldsymbol{\varepsilon}\boldsymbol{F}^{\mathrm{T}}) = \boldsymbol{L} \tag{3.16}$$

式中:$\boldsymbol{D} = \mathrm{Var}(\boldsymbol{\varepsilon})$。

因子分析的目的是从可观测变量 $X_1, X_2, \cdots, X_p$ 给出的样本资料中,求出荷载阵 $\boldsymbol{L}$,然后预测公共因子 $F_1, F_2, \cdots, F_m$。

3.3.2 参数估计的主成分法

已知 p 个相关的变量的 n 次观测值 $x_1, x_2, \cdots, x_n$,因子分析的目的是用少数几个公因子来描述 p 个相关变量间的协方差结构,如式(3.14)所示。

由观测值的样本数据可以估计总体协方差阵,记为 S。为了能够建立公因子模型,需要估计因子荷载和特殊因子方差。这两种参数的估计方法有主成分法、主因子法和极大似然估计法,本节介绍主成分法。

设 S 的特征值为 $\lambda_1 \geqslant \lambda_2 \geqslant \cdots \geqslant \lambda_p \geqslant 0$,其相应的单位正交特征向量为 $e_1, e_2, \cdots, e_p$,则 S 可分解为

$$S = \lambda_1 e_1 e_1^{\mathrm{T}} + \lambda_2 e_2 e_2^{\mathrm{T}} + \cdots + \lambda_p e_p e_p^{\mathrm{T}}$$

$$= \begin{bmatrix} \sqrt{\lambda_1} e_1 & \sqrt{\lambda_2} e_2 & \cdots & \sqrt{\lambda_p} e_p \end{bmatrix} \begin{bmatrix} \sqrt{\lambda_1} e_1^{\mathrm{T}} \\ \sqrt{\lambda_2} e_2^{\mathrm{T}} \\ \vdots \\ \sqrt{\lambda_p} e_p^{\mathrm{T}} \end{bmatrix} \tag{3.17}$$

式(3.17)对 S 的因子分析表示是精确的,但这并不起很大作用,它用到的所有公共因子和变量一样多,并且特殊因子为不变,所以式(3.17)不是因子分析的目的。当后 $p-m$ 个特征值较小时,可以略去 $\lambda_{m+1}e_{m+1}e_{m+1}^{\mathrm{T}} + \cdots + \lambda_p e_p e_p^{\mathrm{T}}$ 对 S 的贡献,则可得到近似

$$S \approx \begin{bmatrix} \sqrt{\lambda_1}e_1 & \sqrt{\lambda_2}e_2 & \cdots & \sqrt{\lambda_m}e_m \end{bmatrix} \begin{bmatrix} \sqrt{\lambda_1}e_1^{\mathrm{T}} \\ \sqrt{\lambda_2}e_2^{\mathrm{T}} \\ \vdots \\ \sqrt{\lambda_m}e_m^{\mathrm{T}} \end{bmatrix} = \underset{(p \times m)}{L} \ \underset{(m \times p)}{L^{\mathrm{T}}} \quad (3.18)$$

考虑到特殊因子,式(3.16)可变为

$$S \approx LL^{\mathrm{T}} + D = \begin{bmatrix} \sqrt{\lambda_1}e_1 \sqrt{\lambda_2}e_2 \cdots \sqrt{\lambda_m}e_m \end{bmatrix} \begin{bmatrix} \sqrt{\lambda_1}e_1^{\mathrm{T}} \\ \sqrt{\lambda_2}e_2^{\mathrm{T}} \\ \vdots \\ \sqrt{\lambda_m}e_m^{\mathrm{T}} \end{bmatrix} + \begin{bmatrix} \varphi_1 & 0 & \cdots & 0 \\ 0 & \varphi_2 & \cdots & 0 \\ \vdots & \vdots & & \vdots \\ 0 & 0 & \cdots & \varphi_p \end{bmatrix}$$

$$(3.19)$$

式中: $\varphi_i = S_{ii} - \sum_{i=1}^{m} l_{ij}^2 \quad (i = 1, 2, \cdots, p)$ 。

在用主成分量法之前,先将 n 次观测值 $x_1, x_2, \cdots, x_n$ 中心化,中心化后的观测值为

$$x_j - \bar{x} = \begin{bmatrix} x_{j1} \\ x_{j2} \\ \vdots \\ x_{jp} \end{bmatrix} - \begin{bmatrix} \bar{x}_1 \\ \bar{x}_2 \\ \vdots \\ \bar{x}_p \end{bmatrix} = \begin{bmatrix} x_{j1} - \bar{x}_1 \\ x_{j2} - \bar{x}_2 \\ \vdots \\ x_{jp} - \bar{x}_p \end{bmatrix} \quad (j = 1, 2, \cdots, n) \quad (3.20)$$

中心化后的观测值和原观测值有一样的 S 。

在变量的单位是不同量纲时,可对中心化后的观测值进行标准化,得到如下变量:

$$z_j = \begin{bmatrix} \dfrac{(x_{j1} - \bar{x}_1)}{\sqrt{s_{11}}} \\ \dfrac{(x_{j2} - \bar{x}_2)}{\sqrt{s_{22}}} \\ \vdots \\ \dfrac{(x_{jp} - \bar{x}_p)}{\sqrt{s_{pp}}} \end{bmatrix} \quad (j = 1, 2, \cdots, n) \quad (3.21)$$

标准化后变量的样本协方差阵是原观测值的样本相关矩阵,这样会避免大方差变量对因子荷载确定的不适当影响。

3.3.3 因子得分

因子得分是对不能观测的随机因子向量 F 的值估计。因子得分的估计方法有加权最小二乘法和回归法,本节只介绍加权最小二乘法。

首先假设对于因子模型

$$\underset{(p \times 1)}{X} - \underset{(p \times 1)}{\mu} = \underset{(p \times m)}{L} \underset{(m \times 1)}{F} + \underset{(p \times 1)}{\varepsilon} \qquad (3.22)$$

均值向量 μ ,因子荷载阵 L 以及特殊方差阵 D 已知,并认为特殊因子 ε 是误差。因 $\mathrm{Var}(\varepsilon_i) = \varphi_i^2 \ (j = 1, 2, \cdots, p)$ 一般不相等。于是用加权最小二乘法估计公因子 $F_j \ (j = 1, 2, \cdots, m)$ 的值。

用误差方法的倒数作为权的误差平方和:

$$\sum_{i=1}^{p} \frac{\varepsilon_i^2}{\varphi_i^2} = \varepsilon^{\mathrm{T}} D^{-1} \varepsilon = (X - \mu - LF)^{\mathrm{T}} D^{-1} (X - \mu - LF) \qquad (3.23)$$

由于式(3.23)中,μ 、L 和 D 已知,X 为观测值也已知,则求 F 的估计值 $\hat{F}$,使得式(3.23)的值为最小。则 $\hat{F}$ 的表达式为

$$\hat{F} = (L^{\mathrm{T}} DL)^{-1} L^{\mathrm{T}} D^{-1} (X - \mu) \qquad (3.24)$$

这就是因子得分的加权最小二乘估计。

残差 ε (特殊因子)的估计值为

$$\varepsilon = (X - \mu) - L (L^{\mathrm{T}} DL)^{-1} L^{\mathrm{T}} D^{-1} (X - \mu) \qquad (3.25)$$

通常在计算因子得分时,使用旋转后的荷载阵进行估计,而式(3.25)对于荷载阵和旋转后的荷载阵所得估计结果不变,而本章不需讨论因子得分的具体意义,则在此没有对荷载矩阵的旋转进行详细的叙述。

3.4 主成分分析在降低环境温度干扰中的应用

3.4.1 基本思路

主成分分析是一种多元统计方法,在很多领域有着广泛的应用,其作用是通过降维技术把多个变量化为几个主成分的综合变量,这些综合变量不但能

够反映变量的大部分信息,而且常常能揭示一些先前不曾料想的关系。以结构健康监测为例,结构在同一状态,但在不同环境温度下,其动态响应的变化主要是由环境温度引起的,环境温度和结构动态响应变化之间的关系并不能通过测量数据直接获得,但由于环境温度影响结构的整体刚度是结构动态响应变化的主要因素,则可以通过对结构动态响应进行主成分分析,提取出结构动态响应的主要成分,以主成分残差计算结构损伤敏感特征来判别结构的损伤状态可以很好地降低环境温度对损伤识别结果的干扰。

3.4.2 小波包系数节点能量谱

由传感器直接获得的结构动态响应数据一般不能实现结构损伤识别,通常是从结构测量数据中提取某种损伤敏感特征来反映结构状态的变化。文献[117,118]对结构动力响应进行小波包分析,得到各频带内小波包能量谱或小波包系数节点能量谱,并以此作为结构损伤敏感特征,通过对比结构不同状态下的损伤敏感特征值判别结构的损伤状况。文献[117]还对比分析了小波包能量谱和小波包系数节点能量谱的损伤识别能力,得出这两种损伤敏感特征在判别结构损伤状态的能力相差无几,但小波包系数节点能量谱的计算时间少于小波包能量谱,这更有利于结构损伤的实时监测。基于此,本章选用小波包系数节点能量谱作为结构损伤敏感特征,其计算过程简述如下。

对时域信号 $S(t)$ 进行小波包变换,则 $S(t)$ 可以表示为

$$S(t) = \sum_{i=0}^{2^j-1} \sum_k C_{j,k}^i \varphi_{j,k}^i(t) \qquad (i = 0, 1, \cdots, 2^j - 1) \qquad (3.26)$$

式中: $C_{j,k}^i$ 为小波包系数; i、j 和 k 分别为频程参数、尺度参数和平移参数; $\varphi_{j,k}^i(t)$ 为小波包函数。

小波包系数节点能量谱为

$$e_j^i = \sum_k \left(C_{j,k}^i \right)^2 \qquad (3.27)$$

设向量 $\boldsymbol{E} = (e_j^0, e_j^1, \cdots, e_j^i)$,则时域信号 $S(t)$ 通过小波包变换转换为一组小波包系数节点能量向量,在这里 $\boldsymbol{E}$ 也称为小波包系数节点能量谱。

3.4.3 损伤识别步骤

根据3.4.1节、3.4.2节所述,用主成分残差降低环境温度对损伤识别结

果的影响具体步骤如下：

（1）采集结构健康状态（参考状态）在 $t_k(k=1,2,\cdots,n)$ 时刻结构加速度数据，分别为 $A_k=(a_{k1},a_{k2},\cdots,a_{kp})$（$p$ 为测量值的个数），则所有时刻测量样本可以组成一个原始数据资料矩阵 $\boldsymbol{A}$，即

$$\boldsymbol{A}=(A_1,A_2,\cdots,A_n)^{\mathrm{T}}=\begin{bmatrix} a_{11} & a_{12} & \cdots & a_{1p} \\ a_{21} & a_{22} & \cdots & a_{2p} \\ \vdots & \vdots & & \vdots \\ a_{n1} & a_{n2} & \cdots & a_{np} \end{bmatrix} \tag{3.28}$$

（2）计算 $\boldsymbol{A}$ 的协方差阵估计：

$$\boldsymbol{S}=(s_{ij})_{p\times p}=\frac{1}{n-1}\sum_{k=1}^{n}(A_k-\overline{\boldsymbol{A}})(A_k-\overline{\boldsymbol{A}})^{\mathrm{T}} \tag{3.29}$$

式中

$$\overline{\boldsymbol{A}}=(\overline{a}_1,\overline{a}_2,\cdots,\overline{a}_p)^{\mathrm{T}},\ \overline{a}_j=\frac{1}{n}\sum_{i=1}^{n}a_{ij} \qquad (j=1,2,\cdots,p)$$

$$s_{ij}=\frac{1}{n-1}\sum_{k=1}^{n}(a_{ki}-\overline{a}_i)(a_{kj}-\overline{a}_j) \qquad (i,j=1,2,\cdots,p)$$

（3）求 $\boldsymbol{S}$ 的特征值 $\lambda_1\geq\lambda_2\geq\cdots\geq\lambda_p>0$，及其相对应的特征向量 $\boldsymbol{u}_1$，$\boldsymbol{u}_2,\cdots,\boldsymbol{u}_p$，并求原始数据资料矩阵的主成分残差 $\hat{\boldsymbol{A}}$，即

$$\hat{\boldsymbol{A}}=\boldsymbol{A}-\boldsymbol{U}_m^{\mathrm{T}}\boldsymbol{U}_m\boldsymbol{A} \tag{3.30}$$

根据 3.2.4 节所述，$\boldsymbol{U}_m=(u_1,u_2,\cdots,u_m)^{\mathrm{T}}$ 是根据累积贡献率的大小取前 m（$m<p$）个，而本章主要是讨论降低环境温度对结构损伤识别的影响，在相同结构状态下，影响结构动态响应最大的是温度，所以对 $\boldsymbol{A}$ 进行主成分分析时，认为温度对其第一主成分影响最大，则为降低温度对结构动态响应的影响，m 值应该取 1。然而事实上，温度对结构动态响应的影响是非线性的，m 值取 1 并不能很好地降低温度的响应。所以确定 m 值采用逐次选取的方式，以降低环境温度对动态响应影响的最佳效果为准，这里的最佳即在相同的结构状态下，根据不同的 m 取值，使得 $\boldsymbol{U}_m$ 代入式（3.30）中计算所得的原始资料数据残差 $\hat{\boldsymbol{A}}$ 中每行数据相差较小。

（4）对 $\overline{\boldsymbol{A}}$ 中每一行数据序列进行小波包分析，计算每一行数据序列的小波包系数节点能量 $E_1^u,E_2^u,\cdots,E_l^u$（上角标 u 表示结构健康状态），以 E_1^u,E_2^u，$\cdots,E_l^u$ 构建结构状态判别参考样本集 $\boldsymbol{E}^u=\{E_1^u,E_2^u,\cdots,E_l^u\}$，并定义 $\boldsymbol{E}^u$ 中每个样本和其样本的平均值之间的欧几里得距离（欧氏距离）为损伤敏感特征

DSF(Damage Sensitive Feature):

$$DSF^u = \sqrt{\sum (E_i^u - \overline{E^u})^2} \qquad (3.31)$$

式中

$$\overline{E^u} = \sum_{i=1}^n E_i^u \qquad (i = 1, 2, \cdots, n)$$

(5) 在结构未知状态时,分别在 t_k^d ($k = 1, 2, \cdots, n$) 时刻采集结构加速度数据为 A_k^d ,用所有 A_k^d 构建结构未知状态原始数据资料矩阵 $\boldsymbol{A}^d$ (上角标 d 表示结构未知状态),根据步骤(1)、(2)、(3),求 $\boldsymbol{A}^d$ 的主成分残差 $\overline{\boldsymbol{A}^d}$,对 $\overline{\boldsymbol{A}^d}$ 的每一行数据序列进行小波包分析,计算小波包系数节点能量 $E_1^d, E_2^d, \cdots, E_n^d$,由 $E_1^d, E_2^d, \cdots, E_n^d$ 可得结构未知状态判别样本集 $\boldsymbol{E}^d = \{E_1^d, E_2^d, \cdots, E_n^d\}$ 。其损伤敏感特征计算如下:

$$DSF^d = \sqrt{\sum (E_i^d - \overline{E^u})^2} \qquad (3.32)$$

通过比较 DSF^d 和 DSF^u 值判别结构损伤。

上述步骤可用如图 3.2 所示流程图表示,即为基于主成分分析的降低环境干扰的损伤识别方法简要过程。

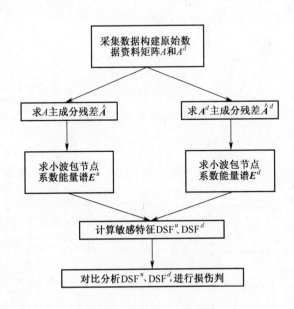

图 3.2 损伤识别方法流程图

3.4.4 数值仿真

本节以钢框架结构为例,数值仿真模型是基于实验模型而建立的。该结构由 3 根主梁、8 根次梁、6 根立柱以及 1 块面板组成,数值仿真模型是基于大型有限元软件 ABAQUS6.9 而建立的,主梁和柱、主梁和次梁以及主梁和面板之间的连接为焊接,焊接通过软件中提供的绑定约束进行模拟。模型整体尺寸为 1500mm×1150mm×564mm,由 6 根立柱嵌固在地面,如图 3.3 所示。结构主要承受冲击荷载作用。

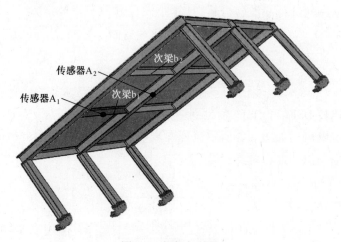

图 3.3 钢框架结构

3.4.4.1 温度对损伤敏感特征的影响

实际结构地处北方地区,一天之中温差较大,所以在处理结构测量数据时不能不考虑环境温度对实测数据的影响。钢的弹性模量和温度的关系如图 3.4 所示,从图中可知,随着温度的升高,钢的弹性模量逐渐下降。

为了说明环境温度对损伤识别的影响,选取四种工况进行分析:①结构健康状态(参考状态);②次梁 b_1 损伤 5%;③次梁 b_1 损伤 10%;④次梁 b_1 损伤 10%,次梁 b_2 损伤 5%。次梁的损伤由其刚度系数降低进行模拟,如在一定温度下,健康状态时次梁的弹性模量为 Y_h,损伤状态时次梁弹性模量为 Y_d,则结构损伤程度为

$$\eta = \left(1 - \frac{Y_d}{Y_h}\right) \times 100\% \qquad (3.33)$$

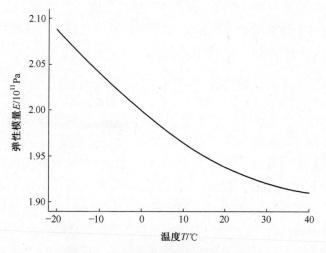

图 3.4　钢的弹性模量和温度的关系

　　环境温度的变化以通过改变结构整体刚度系数来实现,实验温度设定从 −20~40℃,每隔 2℃进行 1 次实验,则每种工况进行 31 次模拟实验。数据采集频率为 200Hz,采样时间为 5s,则每次实验采样样本 $S_i^j \in R^{1000×31}$ (i 为实验工况, j 为实验次数)。根据 3.4.2 节中小波包系数节点能量谱的求解方法直接对 S_i^j 进行计算,计算结果如图 3.5 所示。从图 3.5 中可知,在同一工况下,结构的损伤敏感特征值有很大不同,由于在进行环境温度设定时有一定的规律性,即按照温度从低到高每隔 2℃进行一次设定,则同一工况下其损伤敏感

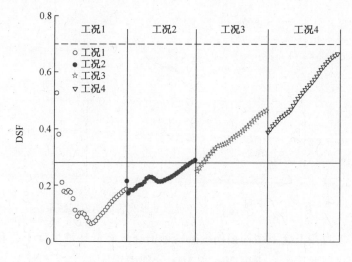

图 3.5　(见彩图)不同温度下损伤识别结果

特征值也有一定的规律。在图中做损伤敏感特征值为 0.28 时的一条横线,这条直线同时与三种工况 DSF 值相交,说明结构在参考状态和损伤状态其有相同的 DSF 值,这使得难以判别结构状态。

3.4.4.2 降低环境温度的影响

由 3.4.4.1 节中分析结果可知,环境温度对于结构损伤识别结果的影响是十分明显的。

而这种影响通常会造成对结构状态的正误判(结构没有损伤判断结构存在损伤)和负误判(结构存在损伤而判别结构没有损伤),无论是正误判还是负误判都会引起不好的影响,正误判会造成人工和时间的浪费,负误判可能会引起灾难性事故。总之,正误判和负误判都会使人们对损伤识别失去信心,从而阻碍了它的进一步发展,所以必须通过某种方法降低环境温度对损伤识别结果的影响,才能对结构进行有效的损伤预警。图 3.6 为采用主成分残差降低环境温度干扰后的损伤识别结果,从图中可知,结构在损伤工况下的损伤敏感特征值和结构参考状态下的损伤敏感特征值都有明显的区分,虽然由于环境温度对结构损伤的非线性影响,在同一种工况下其损伤敏感特征值仍有变化,但相对于未降低环境温度影响的情况,其变化范围有很大的降低。

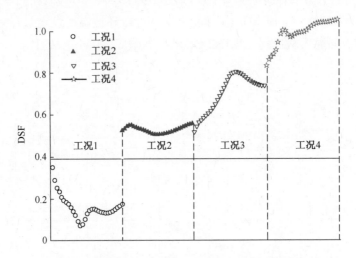

图 3.6　(见彩图)降低环境温度影响后损伤识别结果

表 3.1 为各工况下结构损伤敏感特征值在未降低环境温度干扰和降低干扰后的变化情况比较。表中 Min 和 Max 分别表示同一工况下所得 DSF 的最小值和最大值。

V 为变化率,且 $V = \dfrac{|\,\text{Max} - \text{Min}\,|}{\text{Min}}$。

表 3.1　环境温度对损伤识别结果的影响

结构状态	未降低环境除温度影响			降低环境温度影响		
	Min	Max	V	Min	Max	V
工况 1	0.064	0.528	7.251	0.070	0.350	3.990
工况 2	0.173	0.289	0.671	0.506	0.559	0.106
工况 3	0.251	0.465	0.853	0.519	0.805	0.553
工况 4	0.389	0.666	0.713	1.056	0.836	0.263

由表 3.1 可知,在未降低环境温度干扰的情况下,各工况 DSF 值变化率较大,工况 2~工况 4 的 DSF 值和工况 1 的 DSF 值都有交叉,难以判别同一 DSF 值所对应的结构状态;在降低环境影温度影响后,各工况 DSF 值的变化率明显变小,且各工况 DSF 的变化范围有区分并呈递增趋势,可以定性的识别结构损伤程度的大小。这表明,主成分残差能够有效地降低环境温度对损伤识别结果的影响。

3.4.4.3　损伤识别方法的噪声鲁棒性

在实际工程应用中,不可避免地存在噪声,而基于结构动态响应的损伤识别方法,噪声对识别结果有很大的影响。为考查本节所介绍的损伤识别方法对噪声的鲁棒性,分别在数值仿真实验采集数据中人为地加入噪声,计算在不同噪声强度下时的 DSF 值。噪声强度采用信噪比(Signal Noise Ratio,SNR)表示,SNR 定义为

$$\text{SNR} = 10\lg(\sigma_s^2 / \sigma_n^2) \tag{3.34}$$

式中:σ_s^2、σ_n^2 分别为信号和噪声的方差。信噪比单位为 dB。分别加入噪声强度为 5dB、10dB、15dB 和 20dB 的高斯白噪声,根据 3.4.3 节所述方法进行计算,计算结果如图 3.7 所示。

由图 3.7 可知,在有噪声情况下,结构损伤工况下的 DSF 值相对于参考状态明显偏大,由于噪声的存在,主成分个数要重新选取,通常因为有噪声存在,要增加需要提取主成分的个数,主成分个数的增加会使主成分残差失去结构损伤程度的有用信息,所以此时由于噪声的影响已经不能够定性区分结构损伤程度的大小,但这不影响对结构是否存在损伤的判别,即使在噪声强度为 5dB 时,仍能容易地判断结构是否存在损伤,所以本节所提方法具有较强的噪声鲁棒性。

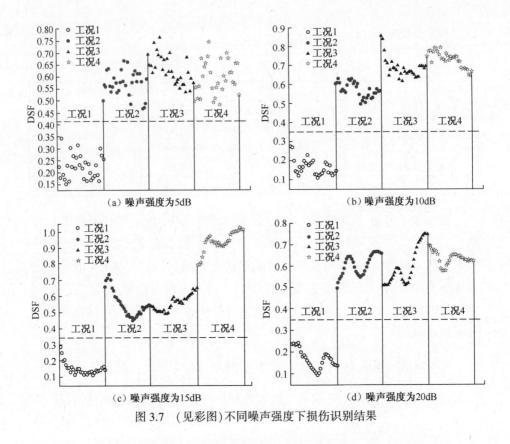

图 3.7 　(见彩图)不同噪声强度下损伤识别结果

3.5　因子分析在降低环境温度干扰中的应用

3.5.1　环境影响的结构动力响应特征参数模型

由上面分析可知,结构的动力响应受环境温度影响较大。在这里,结构动力响应特征参数可以描述为对结构状态敏感的动力响应参数及其变化形式,除了结构固有参数如频率、振型等,还包括加速度 AR 模型参数、加速度时程数据小波包能量谱等。结构动力响应特征参数用方程描述为

$$F = f(T, h, \cdots) + g(\boldsymbol{\alpha}) \qquad (3.35)$$

式中:F 为结构动力响应特征参数观测值;$f(T, h, \cdots)$ 为受环境(温度、湿度等)影响的结构动力响应特征参数方程;$g(\boldsymbol{\alpha})$ 为受结构损伤模式(损伤位置、

损伤程度等)影响的结构动力响应特征参数方程,其中 $\boldsymbol{\alpha}$ 为结构损伤模式变量向量。对结构动力响应进行多次采样可得特征参数方程组如下:

$$\begin{cases} F_1 = f_1(T_1, h_1, \cdots) + g_1(\alpha_1) \\ F_2 = f_2(T_2, h_2, \cdots) + g_2(\alpha_2) \\ \vdots \\ F_i = f_i(T_i, h_i, \cdots) + g_i(\alpha_i) \end{cases} \quad (3.36)$$

式中:i 为采样次数。

关于因子分析的意义、作用已经在 3.3 节做了详细介绍。因子分析是通过对变量的相关系数矩阵内部结构的研究,找出能控制所有变量的少数几个随机变量描述多个变量之间的相关关系。因子分析将每个原始变量分解成两个部分:一部分是由所有变量共同具有的少数几个因子构成的,即潜在因子;另一部分是仅对某一变量产生影响,为某一变量所特有的,即特殊因子。根据因子分析的意义再结合方程组(3.36),暂且把不同环境温度下的结构动力响应特征参数描述成受 $(T, h, \cdots)$ 潜在因子和 $\boldsymbol{\alpha}$ 特殊因子影响,方程组(3.36)也可称为因子模型。但因子分析的目的在于降维,所以要通过因子分析把方程组(3.36)化成如下因子模型:

$$\boldsymbol{x} = \boldsymbol{\Lambda} \boldsymbol{\xi} + \boldsymbol{g} \quad (3.37)$$

其中:$\boldsymbol{x} = (F_1, F_2, F_3, \cdots, F_i)^{\mathrm{T}} \in R^{i \times n}$($n$ 为结构动力响应特征参数的维数);$\boldsymbol{\Lambda} \in R^{i \times m}$ 为待估系数矩阵,称为因子荷载矩阵,$\boldsymbol{\xi} \in R^{m \times n}$ 为因子得分,m 为潜在因子的个数,且 $m \leqslant n$;$\boldsymbol{g} = (g_1(\alpha_1), g_2(\alpha_2), \cdots, g_i(\alpha_i))^{\mathrm{T}} \in R^{i \times n}$ 为特殊因子矩阵。

3.5.2 降低动力响应特征参数的环境影响

根据式(3.37),假设 $\boldsymbol{x}$ 是一段时间内在不同环境温度下结构动力响应特征参数观测值组成的矩阵。求解 $\boldsymbol{\Lambda}$ 的方法有主成分法、主因子法以及极大似然估计法等。最常用的是主分量分析法,其求解过程如下:

(1)由观测值的样本数据估计总体协方差阵,记为 S,其计算方法如式(3.8)所示。

(2)求 S 的特征值和标准化特征向量,记特征值为 $\lambda_1 \geqslant \lambda_2 \geqslant \cdots \lambda_n$,相应单位正交向量为 $\boldsymbol{e}_1, \boldsymbol{e}_2, \cdots, \boldsymbol{e}_p$。

(3)求因子模型的荷载矩阵,首先确定潜在因子的个数 m,即满足指标

$I \geqslant l$ 的最小正数，其中 I 的表达式如式（3.9）所示。其中 l 为阈值，如取 80% 或 90% 等，意义为前 m 个主成分提取到了观察值的总信息量的 l。

根据式（3.18），则 $\boldsymbol{\Lambda} = \boldsymbol{U}_1 \sqrt{\boldsymbol{S}_1}$，其中 $\boldsymbol{U}_1 = (e_1, e_2, \cdots, e_m)$，$\boldsymbol{S}_1 = \mathrm{diag}(\lambda_1^2, \lambda_2^2, \cdots, \lambda_m^2)$。

（4）求因子得分，用最小加权二乘估计求因子得分为

$$\xi = (\boldsymbol{\Lambda}^\mathrm{T} \boldsymbol{D}^{-1} \boldsymbol{\Lambda})^{-1} \boldsymbol{\Lambda}^\mathrm{T} \boldsymbol{D}^{-1} \boldsymbol{x} \tag{3.38}$$

式中

$$\boldsymbol{D} = \mathrm{diag}(\sigma_1^2, \sigma_2^2, \cdots, \sigma_p^2), \quad \sigma_i^2 = S_{ii} - \sum_{i=1}^{m} \Lambda_{ij}^2 \quad (i = 1, 2, \cdots, p)$$

（5）根据步骤（1）～（4），求得降低环境温度干扰的结构动力响应特征参数值为

$$g = x - \boldsymbol{\Lambda}\xi \tag{3.39}$$

3.5.3　损伤识别方法

本节采用小波包能量谱法（为了和小波包系数节点能量谱有所区分，在这里也即小波包信号成分节点能量谱）对结构进行损伤预警，则结构特征参数为小波包能量谱。为了分析方便，假设在不同结构状态和不同温度下结构所受荷载恒定不变，根据第 2 章分析，在荷载恒定不变时，结构加速度小波包能量谱是结构状态敏感参数。利用因子分析降低了环境温度对于损伤识别结果的影响，损伤识别步骤如下：

（1）采集结构动力响应数据（加速度），形成结构动力时域响应数据向量 $\boldsymbol{H}$，对 $\boldsymbol{H}$ 进行 i 层小波包分解，分解后在第 i 层可以得到 2^i 个节点，则 $\boldsymbol{H}$ 可以表示为

$$\boldsymbol{H} = \sum_{j=1}^{2^i} \boldsymbol{H}_{i,j}$$

式中：$\boldsymbol{H}_{i,j}$ 为各节点的响应函数。

（2）求第 i 层各节点结构响应的小波包能量谱向量：

$$E_i = \{E_{i,j}\} = \left\{ \sum |H_{i,j}|^2 \right\} \quad (j = 1, 2, \cdots, 2^i)$$

式中：$E_{i,j}$ 为第 i 层各节点小波包能量。

（3）多次采集结构动力响应数据，重复步骤（1）和步骤（2），以每次采集数据的小波包能量谱向量为矩阵的行，形成小波包能量谱矩阵 $\boldsymbol{X} \in \boldsymbol{R}^{n \times 2^i}$，$n$

为采集样本次数。以 X 为结构动力响应特征参数观测值,对 X 进行因子分析,根据 3.5.2 节可得降低环境干扰的新的结构动力响应特征参数矩阵 $g \in R^{n \times 2^i}$。

(4)以 g 为小波包能量谱矩阵代替 g 计算损伤预警指标,计算过程如下:
① 计算小波包频带能量比 $G_{k,j}$,即

$$G_{k,j} = \frac{g(k,j)}{(\sum_{j=1}^{2^i} g_{k,j})/2^i} \qquad (j = 1,2,\cdots,2^i; k = 1,2,\cdots,n) \qquad (3.40)$$

式中:$g(k,j)$ 为第 k 次采样小波包频带能量谱中第 j 个频带的能量比;$(\sum_{j=1}^{2^i} g_{k,j})/2^i$ 为第 k 次采样小波包频带能量谱中所有频带能量的平均值。

② 计算损伤敏感特征指标 DSF。以结构未知状态频带能量比到完好状态频带能量比样本总体的欧氏距离 L_E 为损伤预警指标,即

$$\mathrm{DSF}^d = \sqrt{\sum (P^d - \overline{P^h})^2} \qquad (3.41)$$

式中:$\overline{P^h}$ 由在结构健康状态时多次采样计算所得频带能量比取平均得到,$\overline{P^h} = [\overline{G_{k1}^h}, \overline{G_{k2}^h}, \cdots, \overline{G_{k2^i}^h}]$,$G_{ki}^h = \sum_{k=1}^{n} G_{ki}^h/n \qquad (j = 1,2,\cdots,2^i)$;$P^d$ 由结构处于未知状态时采样计算所得,$P^d = (G_{k1}^d, G_{k2}^d, \cdots, G_{k2^i}^d)$;上角标 h 和 d 分别表示结构健康状态和损伤状态,k 表示采样次序。

(5)在结构健康状态时,多次采样计算 P^h,以计算结构初始状态损伤敏感特征指标 $\mathrm{DSF}^h = \sqrt{\sum (P^h - \overline{P^h})^2}$,对比结构未知状态时的 DSF^d 和结构参考状态的 DSF^h 大小,DSF^d 明显大于 DSF^h 时,判别结构存在损伤。

小波包分解根据以上分析,用流程图表示本节介绍的损伤识别方法步骤,如图 3.8 所示。

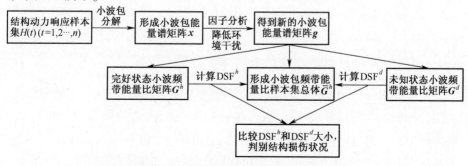

图 3.8　降低环境影响的损伤识别方法流程图

3.5.4 数值仿真

本节研究对象和 3.4.4 节相似,同样为承受反复冲击荷载的钢框架结构,尺寸和构造有所不同,如图 3.9 所示。钢框架结构长 $L = 3m$,宽 $B = 3m$,高 $H = 1m$,板的厚度为 0.02m,梁为 T 形梁,截面积为 $0.0036m^2$;立柱为 H 形,钢截面积为 $0.0172m^2$,密度 $\rho = 7850kg/m^3$;梁和柱、梁和板连接方式为焊接,由立柱固支在地面上。结构受冲击的荷载大小、方向不变。结构本身是纯钢结构,所处地方温差变化为$-20 \sim 40℃$,钢的弹性模量和温度的关系如图 3.4 所示。在有限元软件 ABAQUS 6.9 平台上进行数值仿真实验,结构所承冲击荷载为点荷载,由有限元软件自带加载模块人为地设定冲击荷载时程表,假设损伤在弹性范围内,用结构的弹性模量的降低模拟结构受到损伤,结构损伤程度定义如式(3.33)。

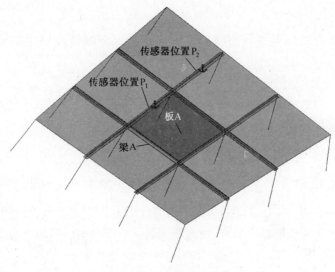

图 3.9　钢框架结构

3.5.4.1 损伤识别方法的有效性

为验证本节所述方法的有效性,每进行一次数值仿真实验,都要采集结构在同一种状态下当环境温度从$-20℃$变化到$40℃$时的结构动力响应数据,用整体弹性模量的设定模拟环境温度的改变,每隔 $2℃$进行一次环境设定并进行采样,采样点如图 3.9 所示,首先在 P_1 位置采样,采样值为结构竖直方向的加速度数据,采样频率为 1000Hz,采样时间为 3s,则每次数值仿真实验的样本个数为 31 个,每个样本有 3000 个数据。分别进行了 5 次数值仿真实验,钢框架结构中间位置承受垂直反复冲击荷载最易产生疲劳损伤,所以模拟损伤位置如图 3.9 所示,实验工况见表 3.2。

表 3.2　数值仿真实验工况

数值仿真实验工况	梁 A 的损伤程度/%	板 A 的损伤程度/%
S_1	0	0
S_2	10	0
S_3	20	0
S_4	20	5
S_5	20	10

仿真工况 1 主要是为了得到结构在完好状态时,在不同环境温度下的动力响应,用来计算式(3.41)中的 $\overline{P}^h$;仿真工况 2、工况 3 主要是为了验证损伤识别方法对损伤程度的敏感性;仿真工况 4、工况 5 主要是为了验证损伤识别方法对结构中不同结构形式同时损伤时的有效性和对损伤程度的敏感性。仿真结果如图 3.10~图 3.13 所示。

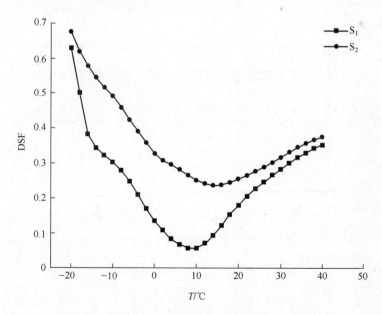

图 3.10　没有降低环境影响的工况 S_1 和 S_2 识别结果

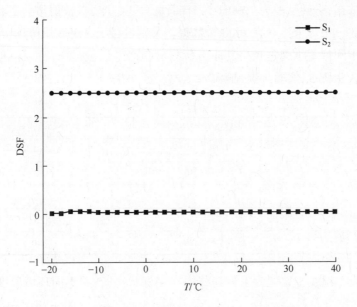

图 3.11 降低环境影响的工况 S_1 和 S_2 识别结果

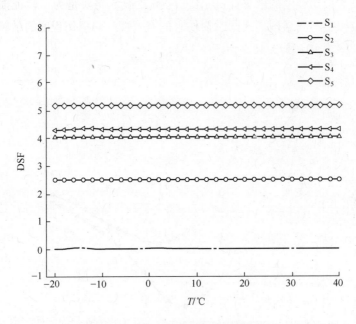

图 3.12 在 P_1 点采样所得实验结果

为了说明环境对损伤识别的影响,就数值仿真实验工况 S_1 和 S_2,分别用小波能量谱法和 3.4.3 节介绍的方法对结构进行损伤识别,图 3.10 为直接利用小波能量谱法的识别结果,结果显示:在同一温度下,结构在损伤状态和在完好状态的 DSF 值时不一样,但在不同温度下,难以判别结构损伤状态和完好状态的 DSF 值大小;结构在同一种状态下由于环境温度影响其 DSF 变化差异较大。由图 3.10 可知,环境温度的变化会影响对结构的健康状况判别,使得健康监测失去其应有价值。图 3.11 为利用小波能量谱法并降低环境温度干扰的损伤识别结果,结果显示:降低环境温度干扰后结构健康状态 DSF 值在很小处波动,而结构发生损伤时的 DSF 值则较大,很容易判断结构存在损伤。由图 3.10 和图 3.11 的对比分析可知结构动力响应特征参数对于环境温度的变化十分敏感,如果在损伤识别过程中不降低环境温度的影响,很容易发生误判,这对结构的运营十分危险。

五种数值仿真实验工况的实验结果如图 3.12 所示。由图 3.12 可知:结构存在损伤时其 DSF 值都远大于完好结构 DSF 值,能够准确地判断结构存在损伤;各种损伤工况的 DSF 值随着结构损伤程度的加剧而增大;这与数值仿真实验工况的设定是吻合的,结构存在两处损伤时,对于结构整体来说是损伤程度加剧了,所以数值仿真实验工况 S_4 和 S_5 的损伤程度必然大于 S_3。从以上分析可知,结构损伤指标 DSF 值能够准确判断结构是否存在损伤,并能定性的判别结构损伤程度的大小。为了进一步验证以上结论的正确性,如图 3.9 所示在 P_2 点采样,进行同样的五种数值仿真实验,实验结果如图 3.13 所示,由图 3.13 可知,损伤指标 DSF 值能够准确识别结构存在损伤,结构损伤程度越高,DSF 值越大。以上两组实验,验证了本节所述损伤识别方法的有效性,同时说明了在结构哪个部位采样计算损伤指标 DSF 都不影响结构损伤识别结果。

3.5.4.2　损伤识别方法的噪声鲁棒性

在实际工程应用中,不可避免地存在噪声,而基于结构动力响应的损伤识别方法,噪声是对识别结果影响的最大因素[135]。为考查本节所述损伤识别方法对噪声的鲁棒性,分别以结构在无损伤时和有小损伤时的观测信号中加入噪声,计算在不同噪声强度下时的 DSF 值。噪声强度采用 SNR,其定义如式(3.34)。分别在结构无损伤时响应信号和在实验 S_2 响应信号(采样点为 P_1)中加入噪声强度为 5dB、10dB、15dB 和 20dB 的高斯白噪声。计算结果如图 3.14 所示。

由图 3.14 可知,在四种噪声强度下,完好结构的 DSF 值在 0~0.7 范围内变化,而损伤结构的 DSF 值在 1.7~3.4 范围内变化,结构完好状态和损伤状

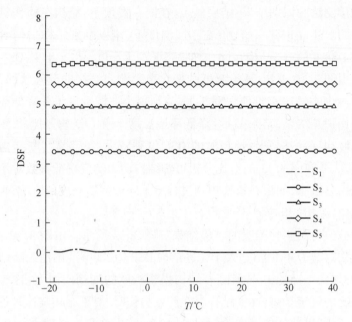

图 3.13　在 P$_2$ 点采样所得实验结果

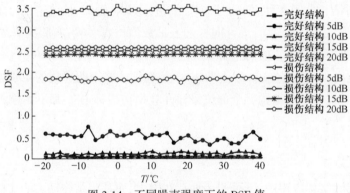

图 3.14　不同噪声强度下的 DSF 值

态的 DSF 值仍然有明显的差别。由此可以看出,本节所述损伤识别方法具有较强的噪声鲁棒性,甚至当在信噪比大于 15dB 时,噪声对结构的 DSF 值影响几乎可以忽略。

3.6　本章小结

本章介绍了两种降低环境温度对损伤识别结果干扰的方法:一种是主成

分分析法和小波包系数节点能量相结合的损伤识别方法,该方法的思路是把环境温度看作影响不同环境温度下结构动态响应测量值变化的主要因素,通过主成分分析去除测量值总体的主要成分,其残差部分即为结构损伤状态信息的反映量;另一种是因子分析和小波包能量谱(小波包信号成分节点能量谱)相结合的损伤识别方法,其思路是在不同温度下测量的结构损伤敏感特征指标可以表示为由环境温度公共因子和结构损伤状态特殊因子的线性组合,通过建立结构损伤敏感特征指标总体的因子模型,以其残差进行结构损伤识别,从而可降低环境温度对损伤识别结果的影响。这两种方法的思路相似,都以残差进行损伤识别,但计算方法不同,且计算对象也不同,一种是基于结构动态响应的直接测量数据,另一种是基于结构动态响应测量数据提取的结构损伤敏感特征指标。最后分别以两种不同的钢框架数值算例对这两种方法进行了验证,验证结果如下:

(1) 两种方法都能较好地降低环境温度对损伤识别结果的影响,准确判断结构是否存在损伤。

(2) 能够定性的识别结构损伤程度的大小。

(3) 两种方法具有很好的噪声鲁棒性。

(4) 第二种方法具有更好的降低环境温度影响的效果。

文中数值算例所取样本数据较少,但数值实验只是模拟环境温度对结构动力响应的影响,忽略了实际工程中的许多环境不确定因素,所以仿真结果还是令人满意的。在实际工程中,样本采集比较方便,大量的样本正是统计分析理论应用的前提,所以通过仿真实例可以证明,在损伤识别方法的实际应用中引入统计分析理论是非常必要的,并需要进行深入的探索。

第4章
基于结构加速度AR模型系数的损伤识别方法

4.1 引言

目前,基于振动测量的损伤识别方法大多是基于"结构损伤前后的损伤敏感特征指标的变化"的统一模式,这里的损伤敏感特征指标也即结构动力指纹和其衍生信息,其中包括基于结构模态参数的损伤敏感特征指标(如频率、振型、曲率模态振型等),以及基于结构时域响应的损伤敏感特征指标(如小波包能量谱(第2章、第3章),AR、ARMA 模型参数,AR、ARMA 模型残差等)。结构的频域指标是结构的固有参数,与结构状态紧密相关,结构质量及刚度的损失所引起的结构质量及刚度矩阵的任何变化,都会在结构自振频率和振型的测量值中有所表现,所以基于结构固有参数的损伤识别方法在近30年的研究中出现了很多方法[136,137]。虽然,基于结构固有参数的损伤识别方法思路清晰、物理意义明确,但在实际应用中难以实施,尤其是对处于复杂环境下的大型复杂结构,其主要原因在第 1 章中已经进行说明,在此不重复叙述。

在实际工程中,时域响应的获取更加简单快捷,且其包含损伤信息的完整性要强于模态参数[138],所以基于结构时域响应的损伤识别方法近年来得到了深入和广泛的研究。基于结构时域响应的损伤识别方法一般分为两类:

一类是直接利用结构的振动时域响应数据进行损伤识别,例如:Choi 和 Stubbs 提出了利用结构的动态位移响应计算结构单元应变能,并以单元应变能构建结构损伤指标,以结构损伤前后的单元应变能变化进行结构的损伤定位和损伤程度的估计[139];Xu 等利用结构加速度频响函数和模态振型之间的关系,提出了一种基于结构加速度响应能量的损伤识别方法,并用仿真实验证明,此方法具有识别准确、可靠性高等优点,能准确地识别结构的损伤位置[140];李忠献等利用结构的位移方差的变化作为结构的损伤特征指标,首先通过敏感性分析了此损伤指标的可行性和对损伤的敏感性,然后结合神经网络技术识别三跨连续数值模型的损伤,最后以一组两端固定的简支梁模型验证了该损伤识别方法的有效性[141]。

另一类是建立时域响应的参数化模型,利用所识别的模型参数进行损伤识别,例如:Sohn 等以结构加速度 AR-ARX 模型残差建立结构损伤特征指标,通过对比结构在未知状态和参考状态的损伤特征指标值来判别结构是否存在损伤和损伤位置,并实验验证了该方法的有效性[142];Iwasaki 等介绍了一个新的损伤识别方法,该方法不需要知道传感器数据之间的关系,也不需要对结构建立准确的有限元模型,只需要结构现有状态三个不同传感器的测量数据,以其中一个传感器为输出数据其他两个为输入数据建立这三组数据集的多元回归模型,得到模型系数,以结构未知状态的模型系数和结构现有状态的模型系数进行对比来判别结构是否存在损伤[63];王真等以结构随机荷载响应拟合使用的时间序列 AR 模型,以 AR 模型系数建立损伤灵敏度矩阵,通过灵敏度矩阵求解损伤系数向量来识别损伤位置和损伤程度,最后用以悬臂梁仿真模型实验验证了该方法的有效性[143]。

本章基于结构随机振动响应的时间序列数据,提出了一种主成分分析和时间序列 AR 模型系数相结合的损伤识别方法:首先,以结构随机荷载作用下的动态响应拟合合适的 AR 模型并估计其模型系数;其次,用主成分分析法提取 AR 模型系数的前两阶主成分,并构建相应的椭圆控制图;然后,以前两阶主成分所形成的散点在椭圆控制图中的分布来识别结构是否存在损伤;最后,通过钢框架模型实验验证了该方法的有效性和较高的可靠性。

4.2 理论基础

时间序列是指按时间顺序排列的一组数据,它是一种重要的现代统计分析方法,广泛地应用于自然领域、社会领域、科学研究和人类思维。不论是自然现象,还是社会经济现象,都是一个有规律的辩证发展过程。任何运动都有一定的惯性,这种惯性表现为系统的动态性,即记忆性。时间序列是系统历史行为的客观记录,它包含系统动态特征的全部信息。这些信息具体表现为时间序列中观察值之间的统计相关性。因此,通过研究时间序列中数值上的统计相关关系,可以揭示相应系统的动态结构特征及其发展规律。基于此,时间序列分析就是用历史的观点,通过量的手段解释所研究现象的动态结构和动态规律[144]。

时间序列分析起源于预测,特别是市场经济的预测。随着对时域分析的理论与应用这两方面的深入研究,使得时间序列分析应用的范围日益扩大,并取得了不少重大成就。从广义上讲,对有序的随机数据的处理方法都可以说是时序分析[145]。按照其发展历史可以将时间序列分析分为两大类,即频域分析法(非参数模型)和时域分析法(参数模型)。

频域分析法即"谱分析"方法,早期的频域分析方法假设任何一种无趋势的时间序列都可以分解为若干不同频率的周期波动,借助傅里叶分析从频率的角度揭示时间序列的规律,后来又借助了傅里叶变换,用正弦、余弦之和来逼近某个函数。20世纪60年代,Burg在从事的地震信号分析与处理中,提出了最大熵谱估计理论,该理论克服了传统分析固有的分辨率不高和频率泄漏等缺点,使谱分析进入一个新阶段,称为现代谱分析阶段。

目前,谱分析方法主要用于电力工程、信息工程、物理学、天文学、海洋学和气象科学等领域,它是一种非常有用的纵向数据分析方法。但是由于谱分析过程一般比较复杂,研究人员通常具有很强的数学基础才能熟练使用,同时它的分析结果也比较抽象,不易进行直接解释,导致谱分析方法的使用具有很大的局限性。

时域分析方法主要是从序列自相关的角度揭示时间序列的发展规律。相对于谱分析方法,它具有如下优点:①由于时序模型是动态模型,对动态数据具有外延特性,从而可以避免在求取动态数据的统计特性时直接加"窗"所造成的影响。对动态数据直接加"窗"来求取这些特性(主要是相关函数与功率谱函数),会导致谱的"泄漏"与限制谱的分辨力等。②由于时序模型是参数模型,因此,可以赋予这一模型不同的物理背景,给予不同的物理解释,从而在应用方面远比谱分析要好,具有谱分析无法给出的功能。

4.2.1 时间序列模型

常用的时间序列模型有自回归模型(Auto-Regressive model, AR模型)、移动平均模型(Moving Average model, MA模型)和自回归移动平均模型,为描述的方便,在以下分别用其简称即AR模型,MA模型,ARMA模型,用公式表示如下。

$AR(n)$模型为

$$X_t = \varphi_1 X_{t-1} + \varphi_2 X_{t-2} + \cdots + \varphi_n X_{t-n} + a_t \qquad (4.1)$$

MA(m)模型为

$$X_t = a_t - \theta_1 a_{t-1} - \theta_2 a_{t-2} - \cdots - \theta_m a_{t-m} \qquad (4.2)$$

ARMA(n,m)模型为

$$X_t - \varphi_1 X_{t-1} - \varphi_2 X_{t-2} - \cdots - \varphi_n X_{t-n} = a_t - \theta_1 a_{t-1} - \theta_2 a_{t-2} - \cdots - \theta_m a_{t-m}$$

$$(4.3)$$

式中：$\{X_t\}$($t = 1,2,\cdots,N$) 为一组时间序列；$\varphi_i(i = 1,2,\cdots,n)$ 为 AR(n) 模型系数；$\theta_j(j = 1,2,\cdots,m)$ 为 MA(m) 模型系数，$a_t \sim \mathrm{NID}(0,\sigma_a^2)$，$\sigma_a^2$ 为模型拟合的残差方差，NID 表示正态分布。

4.2.2 AR 模型

AR(n)模型是 ARMA(n,m)模型的特殊形式，AR(n)模型参数的估计可采用最小二乘法，是属于线性问题，所以计算过程简单方便。而对 ARMA(n,m)模型参数的估计需采用非线性最小二乘法或其他非线性估计方法，计算工作量大。正因为如此，AR 模型成为很重要的一类时序模型，其应用范围比 ARMA 模型更加广泛。事实上，可以用足够高阶的 AR 模型来取代 ARMA 模型，以避免估计 ARMA 模型参数的困难[146]。因此，本章采用 AR 模型系数来计算结构损伤敏感特征指标。

在故障诊断中，由于计算速度的要求，往往采用 AR 模型，特别在结构健康监测系统中，计算速度快这一特点能更加满足对结构状态监测的实时性要求。AR 模型有 $\varphi_1,\varphi_2,\cdots,\varphi_n,\sigma_a^2$，共 $n + 1$ 个参数，由于自回归参数 $\varphi_1,\varphi_2,\cdots,\varphi_n$ 反映了系统的固有特性，因此本章采用 $\varphi_1,\varphi_2,\cdots,\varphi_n$ 这 n 个参数构建结构状态的特征向量，况且即使是采用 ARMA 模型，也只是利用的其 AR 模型参数部分。

4.2.3 AR 模型的定阶

AR 模型阶次越高，模型越逼近真实值，然而模型阶次升高会增大计算误差。在确定模型阶次时，要综合考虑这两方面的因素，确定合适的模型阶次。确定 AR 模型阶次的方法有很多，如残差平方和检验准则、AIC 准则、BIC 准则等，其中 AIC 准则、BIC 准则属于 Akaike 信息准则，这类准则计算简单、便于在计算机上实现，并具有良好的有效性，在实际中使用最为广泛。本节选用

AIC 准则来确定 AR 模型阶次。

AIC 准则首先由日本学者赤池宏治(Akaike)提出,意为信息准则(An Information Criterion),其定义为

$$\text{AIC}(n) = -2\ln L + 2n \approx N\ln\hat{\sigma}_a^2 + 2n + C \tag{4.4}$$

式中:n 为模型阶次;L 为时间序列 $\{X_t\}$ $(t = 1,2,\cdots,N)$ 的似然函数;$\hat{\sigma}_a^2$ 为残差方差的极大似然估计;C 为常数。

由于 C 不影响对 $\text{AIC}(n)$ 的比较结果,则

$$\text{AIC}(n) = N\ln\hat{\sigma}_a^2 + 2n \tag{4.5}$$

由式(4.5)可知,$\text{AIC}(n)$ 是模型阶次 n 的函数,当 n 增大时,$\ln\hat{\sigma}_a^2$ 下降,而 $2n$ 增大,因此,取使 $\text{AIC}(n)$ 获得最小值时的阶次 n 即为适用模型阶次。

4.2.4 AR 模型的参数估计

AR 模型的参数估计方法有许多,如最小二乘估计法、基于自相关系数的最小二乘估计法、LUD 法、Burg 法等,其大致可分为两类:一类为直接估计法,这类方法直接根据观测数据或数据统计特性估计出模型参数;另一类为递推估计法,在这类方法中,根据递推对象与递推方式的不同,又可分为矩阵递推估计法、参数递推估计法和实时递推估计法,矩阵递推估计法是指参数估计过程中所使用的矩阵可由低阶矩阵递推算出,即递推对象是矩阵,参数递推估计法是指高阶模型参数可由低阶模型参数递推估计出,即递推对象是模型参数,实时递推估计法是一种不断采样新数据、不断根据新数据修改原估计的模型参数的实时算法[146]。由于最小二乘法简单且参数估计为无偏估计,则最小二乘法成为流行的 AR 模型参数估计方法。

对于 AR 模型,如式(4.1)所示:

$$X_t = \varphi_1 X_{t-1} + \varphi_2 X_{t-2} + \cdots + \varphi_n X_{t-n} + a_t \qquad (a_t \sim \text{NID}(0,\sigma_a^2))$$

其中,时间序列 $\{X_t\}$ $(t = 1,2,\cdots,n)$ 为已知。参数估计的目的即为用已知时间序列 $\{X_t\}$ 按某一方法估计出未知参数 $\varphi_i(i = 1,2,\cdots,n)$ 和 σ_a^2,本节采用简单的最小二乘法进行 AR 模型参数估计。

由于

$$a_t = X_t - \varphi_1 X_{t-1} - \varphi_2 X_{t-2} - \cdots - \varphi_n X_{t-n}$$

$$\sigma_a^2 = \frac{1}{N-n} \sum_{t=n+1}^{N} \left(X_t - \sum_{i=1}^{n} \varphi_i X_{t-i}\right)^2 \qquad (i = 1,2,\cdots,n) \tag{4.6}$$

则只需估计出 φ_i，按照式(4.5)就可计算出 σ_a^2。因此，这里参数估计就可简化为对 φ_i 的估计。式(4.5)中 N 是指时间序列的个数。

根据式(4.1)分别列出时间序列出时间序列 $\{X_{n+i}\}(i=1,2,\cdots,N-n)$ 的 AR 模型表达式，可得

$$\begin{cases} X_{n+1} = \varphi_1 X_n + \varphi_2 X_{n-1} + \cdots + \varphi_n X_1 + a_{n+1} \\ X_{n+2} = \varphi_1 X_{n+1} + \varphi_2 X_n + \cdots + \varphi_n X_2 + a_{n+2} \\ \qquad\qquad\qquad\vdots \\ X_N = \varphi_1 X_{N-1} + \varphi_2 X_{N-2} + \cdots + \varphi_n X_{N-n} + a_N \end{cases} \tag{4.7}$$

上式可用矩阵形式表示为

$$\boldsymbol{Y} = \boldsymbol{X}\boldsymbol{\varphi} + \boldsymbol{a} \tag{4.8}$$

式中

$$\boldsymbol{Y} = (X_{n+1}, X_{n+2}, \cdots, X_N)^{\mathrm{T}}$$

$$\boldsymbol{\varphi} = (\varphi_1, \varphi_2, \cdots, \varphi_n)^{\mathrm{T}}$$

$$\boldsymbol{a} = (a_{n+1}, a_{n+2}, \cdots, a_N)^{\mathrm{T}}$$

$$\boldsymbol{X} = \begin{bmatrix} X_n & X_{n-1} & \cdots & X_1 \\ X_{n+1} & X_n & \cdots & X_2 \\ \vdots & \vdots & & \vdots \\ X_{N-1} & X_{N-2} & \cdots & X_{N-n} \end{bmatrix}$$

模型的残差平方和为

$$S = \boldsymbol{a}^{\mathrm{T}}\boldsymbol{a} = (\boldsymbol{Y} - \boldsymbol{X}\boldsymbol{\varphi})^{\mathrm{T}}(\boldsymbol{Y} - \boldsymbol{X}\boldsymbol{\varphi}) \tag{4.9}$$

S 为非负的二次式，其必有极小值。按矩阵的求导法则，令 $\left.\dfrac{\partial S}{\partial \boldsymbol{\varphi}}\right|_{\varphi = \hat{\varphi}} = 0$，有

$$\boldsymbol{X}^{\mathrm{T}}\boldsymbol{Y} - \boldsymbol{X}^{\mathrm{T}}\boldsymbol{X}\hat{\boldsymbol{\varphi}} = 0 \tag{4.10}$$

解上式可得模型参数的最小二乘估计为

$$\hat{\boldsymbol{\varphi}} = (\boldsymbol{X}^{\mathrm{T}}\boldsymbol{X})^{-1}\boldsymbol{X}^{\mathrm{T}}\boldsymbol{Y} \tag{4.11}$$

4.3 结构损伤统计模式识别

基于结构动态响应的时间序列损伤识别方法已经在机械、航空等领域得到了充分应用，并取得了相应成果。但土木工程结构作为"建造"系统与机

械、飞行器等"制造"系统在许多方面存在根本区别,(如土木工程质量巨大、材料特性各异、边界条件复杂、环境因素恶劣),使得很多此类方法在土木工程中的应用受到诸多问题的限制,(如观测噪声、观测数据不完整、局部损伤不敏感、结构运营环境的不确定等)[98]。这些问题通常会使实测响应数据在一定的范围内变动,具有不确定性。这种不确定性阻碍了结构损伤识别方法在实际工程中的应用,有必要在这些损伤识别方法中引入统计分析的理论。早在 1997 年,国际著名地震学家 Housner 曾经指出:基于统计理论的结构损伤识别方法有望成为解决大型土木工程结构健康诊断问题的一般方法[4]。

4.3.1 主成分数据缩减

Farrar 等规定了结构损伤统计模式识别方法的一般步骤,即运行评价、数据采集、特征提取、数据压缩以及统计模型建立[147]。4.2 节介绍的 AR 模型参数即特征提取,事实上 AR 模型参数也是测量数据的信息凝聚,同样也可以作为数据压缩的一种。本节讨论的数据压缩方法为常用的主成分分析法,是对结构 AR 模型参数的进一步数据缩减。主成分分析的目的是用原始变量重新组合成少数几个互相无关的综合变量,且这少数几个新的变量几乎包含了原始变量的全部信息,从而可使用这几个新的变量代替原变量分析问题,达到了数据压缩的目的。其原理在 3.2 节已经进行了详细介绍,在这里只做简要说明。

设有 n 个样本,每个样本有 p 个观测变量,分别记为 $\varphi_1,\varphi_2,\cdots,\varphi_n$,则这 n 个样本可构成原始数据资料矩阵 $\varphi \in \mathbf{R}^{n \times p}$:

$$\varphi = \begin{bmatrix} \varphi_{11} & \varphi_{12} & \cdots & \varphi_{1p} \\ \varphi_{21} & \varphi_{22} & \cdots & \varphi_{2p} \\ \vdots & \vdots & & \vdots \\ \varphi_{n1} & \varphi_{n2} & \cdots & \varphi_{np} \end{bmatrix} \tag{4.12}$$

式中:φ_{ij}($i \in 1,2,\cdots,n$,$j \in 1,2,\cdots p$)为第 i 个样本的第 j 个变量。

φ 的协方差矩阵 S:

$$S = (s_{ij})_{p \times p} = \frac{1}{n-1} \sum_{k=1}^{n} (\varphi_k - \overline{\varphi})^{\mathrm{T}} (\varphi_k - \overline{\varphi}) \tag{4.13}$$

式中

$$\overline{\varphi} = (\overline{\varphi}_1, \overline{\varphi}_2, \cdots, \overline{\varphi}_p)^{\mathrm{T}}$$

$$\overline{\varphi}_j = \frac{1}{n} \sum_{i=1}^{n} \varphi_{ij} \; , \; (j = 1, 2, \cdots, p)$$

$$s_{ij} = \frac{1}{n-1} \sum_{k=1}^{n} (x_{ik} - \overline{x}_i)(x_{jk} - \overline{x}_j) \; , \; (i, j = 1, 2, \cdots, p) \; 。$$

S 的特征根为 $\lambda_1, \lambda_2, \cdots, \lambda_p$，且 $\lambda_1 \geqslant \lambda_2 \geqslant \cdots \geqslant \lambda_p > 0$，其相应的单位特征向量为

$$\boldsymbol{u}_1 = (u_{11}, u_{21}, \cdots, u_{p1})^{\mathrm{T}} \; , \; \boldsymbol{u}_2 = (u_{12}, u_{22}, \cdots, u_{p2})^{\mathrm{T}} \; , \; \cdots \; , \; \boldsymbol{u}_n = (u_{1p}, u_{2p}, \cdots, u_{pp})^{\mathrm{T}} \; 。$$

则 φ 的第 i 主成分为

$$y_i = u_{1i}\varphi_1 + u_{2i}\varphi_2 + \cdots + u_{pi}\varphi_p \; (i = 1, 2, \cdots, p) \tag{4.14}$$

采用累积贡献率来确定主成分个数 k，如前 k 个主成分的方差和在全部方差所占比例

$$\sum_{i=1}^{k} \lambda_i \bigg/ \sum_{i=1}^{p} \lambda_i \geqslant 90\% \text{ 或 } \sum_{i=1}^{k} \lambda_i \bigg/ \sum_{i=1}^{p} \lambda_i \geqslant 80\%$$

时，就说明前 k 个主成分 $y_1, y_2, \cdots, y_k$ 包含了原始数据的绝大部分信息。

4.3.2　多元控制图

多元控制图即多元质量控制图，多元质量控制图来自于多元统计分析中过程控制和产品质量控制理论，最早是由统计学家 Hotelling 提出的。20 世纪 40 年代，Hotelling 在关于轰炸机目标双向误差的研究奠定了多元质量控制的基础；此后，Ghare、Torgersen、Montgomery 等对此也做出了重要的贡献[148]。多元质量控制图的目的是用图形直观、鲜明地显示工业生产过程中多个质量特性的动态运行规律，及时发现影响过程变动的特殊原因，从而避免不稳定因素所造成的重大损失。

近来，多元控制图在损伤识别中的应用得到了发展，并已经应用于实际工程中[149-151]。多元控制图方法有许多，如均值向量控制图、离差向量控制图、椭圆控制图和 T^2 控制图等。在实际应用中，由于监测的多变量之间或多或少地都存在信息重叠，这些变量的观测值大多可以用主成分分析对其进行信息压缩，然后可对其主成分采用椭圆控制图（二维情况）或 T^2 控制图进行监控（多维情况）。在结构损伤识别中，可以把结构损伤特征参数作为结构状态的观测变量，对这些变量进行多次观测获得结构一个过程的观察数据，用多元控制理论来分析数据，从而推断结构是否存在损伤。

4.3.2.1 椭圆控制图

控制椭圆可直观地构造两个变量的控制域,虽然大多数过程控制的观测变量都大于两个,但通过对原始数据矩阵进行主成分分析可得包含原始数据主要信息的前两阶主成分,因而可用控制椭圆对前两阶主成分进行离群值分离。

设 y_1、y_2 为原始数据矩阵中心化处理后的前两个主成分,其相对应的样本方差为 λ_1、λ_2,则对这两个主成分的 $1 - \alpha$ 置信椭圆满足

$$\frac{y_1^2}{\lambda_1} + \frac{y_2^2}{\lambda_2} \leqslant \chi_2^2(\alpha) \qquad (4.15)$$

式中: α 为置信水平,通常取 0.05,则 $\chi_2^2(0.05) = 5.99$。

当结构无损伤时,散点 (y_1, y_2) 的分布在控制椭圆内,当结构存在损伤时,由当前状态测量值所对应的散点会超出控制椭圆,呈"离群"现象,表明结构存在损伤,则可由结构特征参数的观测值的前两阶在椭圆控制图中的分布来确定结构的损伤状况。

4.3.2.2 T^2 控制图

在变量很多时,如频率响应函数、振动传递率等,其变量维数达到了几百,这时,会出现原始数据矩阵前两阶主成分对原始数据信息的贡献率偏低的情况,此时为防止由于前两阶主成分包含原始数据信息不足造成的误判,有必要再对其他主成分进行分析,即用其他主成分建立 T^2 控制图。但在本章中由于变量维数不高,且其前两阶主成分累积贡献率都达到 90% 左右,利用其前两阶主成分足以对结构的状态进行判别。在第 5 章中对振动传递率的主成分分析,其前两阶主成分的贡献率只有 45% 左右,所以有必要用其他主成分构建 T^2 控制图来对椭圆控制图进行补充说明。

T^2 统计量是基于高维数据的,它利用了与前两个主成分相垂直的 $k - 2$ 维空间中的信息,用公式可表示为

$$T^2 = \frac{y_3^2}{\lambda_3} + \frac{y_4^2}{\lambda_4} + \cdots + \frac{y_k^2}{\lambda_k} \qquad (4.16)$$

当样本数足够大时,由样本数和 T^2 值构成的散点图控制上限 UCL $= \chi_{p-2}^2(\alpha)$。

4.3.3　损伤识别方法

结构在服役状态时,把其运营过程看成一种产品的生产过程,则对其运营状态的监测可看成产品质量的监控,于是对结构运营状态监测时,就应该收集数据,用以评估这个过程的能力与稳定性。当结构无损伤时,监测数据的变动是由一些持续存在的常见原因引起的,而这种变动就会在构建的控制图之内。当结构存在损伤时,监测数据的变动是由特殊因素引起的,其变化范围会超过所设定的控制图阈值。结构运营的数据庞大复杂,不同于产品生产监控变量较少,所以有必要从结构运营数据中提取能够反映结构状态本质特征的量来进行监测,这也就是前面所提到的损伤特征参数的提取,这不但降低了监测难度,更有利于控制图的构建。4.2.2 节提出 AR 模型参数反映了系统的固有特性,且计算简单、快捷,有利于结构状态的实时性监测。所以本节采用 AR 模型系数为结构损伤特征参数,以结构无损状态损伤特征参数为参考样本,结构损伤状态损伤特征参数为待检样本,把待检样本分别加入到参考样本中构建多个原始数据矩阵,用主成分分析法提取原始数据矩阵前两个主成分并构造相应的控制椭圆,以前两阶主成分散点图在控制椭圆中的分布状况来判断结构是否存在损伤。损伤识别方法的具体步骤如下:

(1) 在结构无损伤状态下测量结构加速度数据并把数据分成 n 段,每段数据个数相同。

(2) 根据 4.2 节介绍的方法确定 AR 模型阶次 p,并分别计算各段数据 AR 模型系数,以各段数据的 AR 模型系数组成结构损伤特征向量,则由这 n 段数据可得到结构无损状态 n 个损伤特征向量样本 $\{\varphi_1^u, \varphi_2^u, \cdots, \varphi_n^u\}$。

(3) 测量结构在未知状态下的加速度数据,根据步骤(1)、(2)得到结构在未知状态下的 m 个损伤特征向量样本 $\{\varphi_1^d, \varphi_2^d, \cdots, \varphi_m^d\}$。

(4) 把结构未知状态 m 个损伤特征向量分别添加到结构无损状态 n 个特征向量样本中,构造 m 个原始数据矩阵 $\varphi_i = (\varphi_1^u, \varphi_2^u, \cdots, \varphi_n^u, \varphi_i^d)^{\mathrm{T}}$,($i = 1, 2, \cdots, m$),假设这 m 个原始数据矩阵中的 $n+1$ 个样本独立同分布,且分别服从 $N_p(\mu_i, \Sigma_i)$($i = 1, 2, \cdots, m$)。

(5) 对 φ_i 进行中心化处理得到新的 m 个矩阵 $\widetilde{\varphi}_i$($i = 1, 2, \cdots, m$),即:

$$\widetilde{\varphi}_i = \varphi_i - (\varphi_1^u + \varphi_2^u + \cdots + \varphi_n^u + \varphi_i^d)/(n+1) \tag{4.17}$$

根据主成分分析的方法分别求 $\widetilde{\varphi}_i$ 其前两阶主成分

$$Y_1^i = (y_{11}^i, y_{21}^i, \cdots, y_{(n+1)1}^i)^T, \quad Y_2^i = (y_{11}^i, y_{22}^i, \cdots, y_{(n+1)2}^i)^T$$

（6）根据 4.3.2.1 节介绍方法分别构造 m 个控制椭圆，观测并记录数据对（ $y_{(n+1)1}^i$，$y_{(n+1)2}^i$）离群的个数，如果绝大多数（ $y_{(n+1)1}^i$，$y_{(n+1)2}^i$）都在相对应的椭圆控制域外，则判断结构存在损伤。需要说明，这里的绝大多数不是一个绝对的量，是一个范围，如果对于安全性能要求较高的结构则可取 20% 或者更小，对于一般结构认为只要超过总体量的 50% 即可。

4.4 实验研究

4.4.1 实验描述

本章研究对象和第 2 章一样为钢框架结构，结构模型整体尺寸为 1500mm×1150mm×564mm（长×宽×高），由 3 根主梁、8 根次梁和 6 根柱组成，主梁、次梁以及柱之间由螺栓连接，钢框架结构实验模型如图 4.1 所示，主梁、次梁以及柱截面积尺寸如图 4.2 所示。整个结构由螺栓固定在地面上，实验现场如图 4.3 所示。

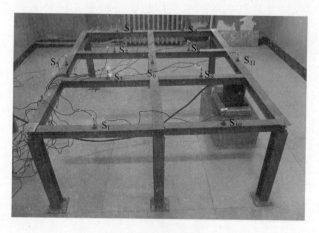

图 4.1 实验模型

实验测量使用的是 DH5920N 动态测试系统，传感器为 DH131E 加速度传感器，结构激励由 JZK-10 激振器提供，传感器布置和激励部位如图 4.1 所示。激励信号为随机激励，采样频率为 2kHz。在激振器开始激振 5s 后进行

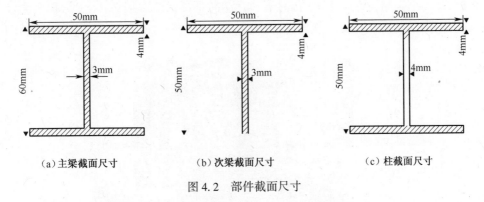

(a)主梁截面尺寸   (b)次梁截面尺寸   (c)柱截面尺寸

图 4.2　部件截面尺寸

图 4.3　实验现场

采样,采样时间为 16s,以每段 2000 个数据对采样样本分段,分段数据重合率为 75%。

4.4.2　损伤模拟

如图 4.4、图 4.5 所示,钢框架结构主梁下翼缘中间部位人为地截断,在其腹板两侧布置连接板进行拼接,以拼接的完整与否分别模拟结构健康和损伤状态,同样,主梁和次梁也是由螺栓和角铁进行连接,由连接螺栓是否松动模拟结构是否损伤。文献[152]认为,结构承载力的下降通常是由结构内部或构件之间连接出现损伤而引起的。为了能方便进行后续的实验,对结构的损伤模拟前提是不对部件进行破坏,事实上;对于所研究的对象,最易破坏的位置为部件连接部位和应变最大位置,所以此次实验对于损伤的模拟有两种模式:①框架结构左边主梁(传感器 S_5 位置)下翼缘断裂损伤;②主梁和次梁的部分螺栓连接松动(传感器 S_1 位置)。

图 4.4　主梁、次梁和柱的连接方式

图 4.5　梁下翼缘连接

4.4.3　马氏距离判别函数

　　统计模式识别方法,简言之就是在模式识别方法中引入统计理论的一种综合方法,是模式识别方法的一种重要形式。模式识别的作用和目的在于面对一具体事物,将其正确地归入某一类别,从而通过观测现象认识客观事物本质[153]。模式识别方法的关键步骤是特征提取和分类决策,对应于本章损伤识别方法,特征提取即为 AR 模型参数识别,而分类决策的前提主要是选择合适的分类判别函数。一般情况下,基于 AR 模型的损伤识别方法,大多是选择马氏距离作为结构损伤特征分类判别函数[154,155]。

4.4.3.1 马氏距离的定义及优点

马氏距离是印度统计学家 Mahalanbis 于 1936 年引入的,故称为马氏距离[156]。设 G_R 为参考总体,φ_T 为待检样本模式向量,φ_R 为参考总体的均值向量,C_R 为参考总体的协方差矩阵的估计,则马氏距离的定义如下式所示:

$$D_{Mh}^2(\varphi_T, G_R) = (\varphi_T - \varphi_R)^T C_R^{-1}(\varphi_T - \varphi_R) \qquad (4.18)$$

马氏距离判别函数作为一种分类判别的重要方法,其具有如下优点[146]:

(1) 马氏距离考虑了样本和参考总体均值之间的欧氏距离,是一种加权的欧氏距离,其权矩阵是参考总体的协方差阵的逆矩阵,如式(4.18)中的 C_R^{-1}。

(2) 由于权矩阵是总体协方差阵的逆矩阵,这就给马氏距离函数带来了两个优点:一是由于总体协方差矩阵的主对角线上的元素为模式向量中各元素的方差,主对角线两边的元素为模式向量中不同元素的互协方差,所以马氏距离中计入了参考总体的二阶矩特性对距离的影响,较欧氏距离优越;二是当模式向量中各分量的量纲不同时,欧氏距离和量纲有关,而由于协方差逆矩阵的作用,马氏距离为无量纲,这样更有意义,但本章的特征提取参数为 AR 模型参数,并且无量纲,所以这点在本章所述的方法中并不重要。

4.4.3.2 马氏距离计算的不稳定性

虽然马氏距离有许多优点,但是它夸大了变化微小的变量的作用,计算具有不稳定性,这种不稳定性在变量多的情况下表现得更加明显。下面以实例说明马氏距离这一特性。

在结构无损状态时,根据 4.3.3 节介绍的损伤识别方法,以传感器 S_5 采集数据为例,对 S_5 采集数据进行分段,每段数据维数为 2000,共分为 40 段,数据重合度为 75%。在计算结构 AR 模型系数之前,首先要确定 AR 模型系数的阶次,根据 4.2.3 节的 AIC 准则,计算前 3 个分段数据的 AIC 值随前 50 阶模型阶次变化情况,计算结果如图 4.6 所示。

由图 4.6 所示,当模型阶次大于 20 时,其 AIC 值的变化已经不大,则选择模型阶次为 20 是合适的,事实上,对其他分段数据计算 AIC 值,其结果和图 4.6 基本相同,在此不一一列出。为了验证用 AR 模型对加速度数据拟合的合理性,计算第一个分段数据的 95% 置信度下的前 100 阶偏自相关函数,计算结果如图 4.7 所示。从图 4.7 可以看出,时间序列的偏自相关函数在前 20 阶次处截尾,则可以判断,用 AR(20)对时间序列进行拟合是合理的。

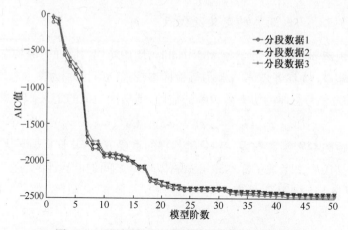

图 4.6　(见彩图)AIC 值随模型阶次的变化曲线

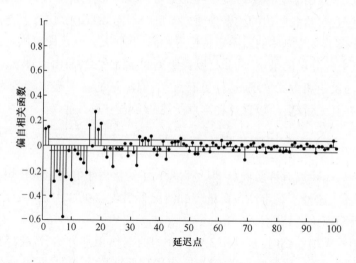

图 4.7　偏自相关函数

在结构健康状态时，第一次采样计算所得的结构损伤特征向量为 $\{\varphi_1^{u_1}, \varphi_2^{u_1}, \cdots, \varphi_{40}^{u_1}\}$，上角标 U_1 表示结构无损状态第一次采样，以前 30 个特征向量为训练样本，则构建参考总体 $G_R = (\varphi_1^{u_1}, \varphi_2^{u_1}, \cdots, \varphi_{30}^{u_1})^T$，以后 10 个特征向量 $\{\varphi_{31}^{u_1}, \varphi_{32}^{u_1}, \cdots, \varphi_{40}^{u_1}\}$ 为检验样本，检验样本是用来计算结构是否存在损伤的基准值。第二次采样，对采样样本以每段 2000 个数据进行分段，分为 30 段，每段数据重合度为 75%，以计算得到的 30 个特征向量 $\{\varphi_1^{u_2}, \varphi_2^{u_2}, \cdots, \varphi_{30}^{u_2}\}$ 作为待验样本，上角标 u_2 表示结构无损状态第二次采样。分别计算这 40 个结构损伤特征向量到参考总体的马氏距离，计算公式如下：

$$D_{\mathrm{Mh}}^2 = (\boldsymbol{\varphi}_i - \boldsymbol{\mu}_{\mathrm{R}})^{\mathrm{T}} \boldsymbol{C}_{\mathrm{R}}^{-1} (\boldsymbol{\varphi}_i - \boldsymbol{\mu}_{\mathrm{R}})\,(i = 1, 2, \cdots, 40) \qquad (4.19)$$

式中:均值向量 $\boldsymbol{\mu}_{\mathrm{R}}$ 和总体协方差矩阵 $\boldsymbol{C}_{\mathrm{R}}$ 由参考总体 G_{R} 估计; $\boldsymbol{\varphi}_i$ 为损伤特征向量,包括结构检验样本和待检样本所有的特征向量。取结构损伤敏感特征值 DSF $= D_{\mathrm{Mh}}$,则 DSF 计算结果如图 4.8 所示。

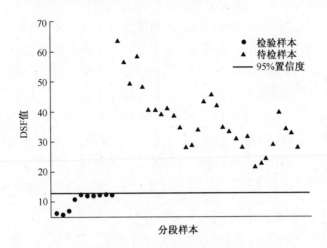

图 4.8　马氏距离计算结果

由于对结构的激励为白噪声激励,则所得时间序列 $\{X_t\}$ 为正态分布,因此,在相应的情况下,由 $\{X_t\}$ 估计的 AR 模型参数也为正态分布。则 $(\boldsymbol{\varphi}_i - \boldsymbol{\mu}_{\mathrm{R}})^{\mathrm{T}} \boldsymbol{C}_{\mathrm{R}}^{-1} (\boldsymbol{\varphi}_i - \boldsymbol{\mu}_{\mathrm{R}})$ 服从 $\dfrac{(n^2 - 1)p}{n(n - p)} F_{p,n-p}$ 分布,其中 n 为样本个数, p 为变量个数,则计算 DSF 的 95% 置信度的控制上限为 $\sqrt{\dfrac{(n^2 - 1)p}{n(n - p)} F_{p,n-p}(0.05)}$ 。

图 4.8 中,实横线为 95% 置信度控制上限,圆点表示检验样本,三角形表示待检样本。从图中可知,检验样本后几个样本点接近控制上限,但所有检验样本都在控制上限以下,而所有待检样本都远高于 95% 置信度控制上限。从图 4.8 的计算结果应该判断,结构的待检样本和检验样本来自结构不同状态,结构存在损伤,然而这与事实并不相符。

从实例分析可知,马氏距离虽然是作为距离判别的常用方法,但其计算的不稳定性通常会影响判断结果。

4.4.4　损伤识别结果

本节对于结构状态的识别分为三种情况:①结构健康状态;②损伤工况

083

1,即主梁下翼缘断裂损伤;③损伤工况 2,即主梁和次梁的连接螺栓部分松动。损伤工况 1 和损伤工况 2 的模拟见 4.4.2 节。

4.4.4.1 结构健康状态

由上面分析可知,马氏距离判别函数作为结构损伤特征的分类函数有不足之处,为说明本节所述损伤识别方法的优越性,同样,以传感器 S_5 采集数据为例,采用 4.4.3 节所述损伤识别方法对 4.4.3.2 节中结构伤特征向量样本集 $\{\varphi_1^{u1}, \varphi_2^{u1}, \cdots, \varphi_{40}^{u1}\}$ 和 $\{\varphi_1^{u2}, \varphi_2^{u2}, \cdots, \varphi_{30}^{u2}\}$ 进行重新分析,以新的分析结果和马氏距离判别结果进行对比,说明本节方法的有效性。

根据 4.4.3 节中所述损伤识别方法的步骤,以 $\{\varphi_1^{u1}, \varphi_2^{u1}, \cdots, \varphi_{40}^{u1}\}$ 前 30 个样本构建参考总体 $G_R = (\varphi_1^{u1}, \varphi_2^{u1}, \cdots, \varphi_{30}^{u1})^T$,以后 10 个特征向量 $\{\varphi_{31}^{u1}, \varphi_{32}^{u1}, \cdots, \varphi_{40}^{u1}\}$ 为检验样本,分别把样本集 $\{\varphi_{31}^{u1}, \varphi_{32}^{u1}, \cdots, \varphi_{40}^{u1}\}$ 中各样本代入到参考总体中,从而得到 10 个不同的原始数据矩阵,设为 $\varphi_i^1 = (\varphi_1^{u1}, \varphi_2^{u1}, \cdots, \varphi_{30}^{u1}, \varphi_{30+i}^{u1})^T$ $(i = 1, 2, \cdots, 10)$,对 φ_i^1 分别进行中心化处理,再进行主成分分析。以 $\varphi_1^1 = (\varphi_1^{u1}, \varphi_2^{u1}, \cdots, \varphi_{30}^{u1}, \varphi_{31}^{u1})^T$ 为例,对其进行主成分分析的结果如表 4.1 所列。

表 4.1 原始数据矩阵 φ_1^1 的前 13 阶特征值及其贡献率

主成分阶数	特征值 λ	贡献率 γ /%	累积贡献率 $\sum \gamma$ /%
1	0.0455	74.10	74.10
2	0.0104	16.95	91.05
3	0.0027	4.42	95.47
4	0.0009	1.52	96.99
5	0.0005	0.88	97.87
6	0.0003	0.57	98.43
7	0.0003	0.43	98.87
8	0.0002	0.34	99.21
9	0.0001	0.17	99.38
10	0.0001	0.17	99.54
11	0.0001	0.13	99.67
12	0.0001	0.09	99.76
13	0.0001	0.09	99.84

注:第 i 阶主元的贡献率 $\gamma_i = \dfrac{\lambda_i}{\sum\limits_{i=1}^{20} \lambda_i}$,全部特征值的和 $\sum\limits_{i=1}^{20} \lambda_i = 0.0612$

特征值保留 4 位有效数字,贡献率和累积贡献率保留两位有效数字如表 4.1 所列,对原始数据矩阵 φ_1^1 进行主成分分析,其特征值在 13 阶后几乎为 0,前 13 阶的主成分几乎包含了原始数据的全部信息。第一阶主成分的贡献率为 74.10%,第二阶主成分的贡献率为 16.95%,前两阶主成分的累积贡献率达到了 91.05%,说明前两阶主成分解释的原始数据绝大部分信息。对其他原始数据矩阵的主成分分析结果和 φ_1^1 相似,在此不赘述。综上所述,用原始数据矩阵的前两阶主成分代替原始数据矩阵进行分析,不但不丢失原始数据的重要信息,并且大大压缩了分析的数据量。设各原始数据矩阵所对应的前两主成分分别为 y_1^i、y_2^i,根据式(4.15)分别构造数据对(y_1^i、y_2^i)($i = 1,2,\cdots,10$)及其对应的 95% 置信度椭圆控制图,如图 4.9 所示(图中 PC_1 和 PC_2 分别表示第一和第二主成分)。

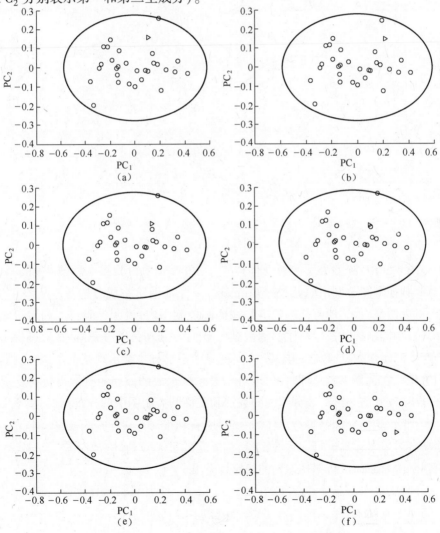

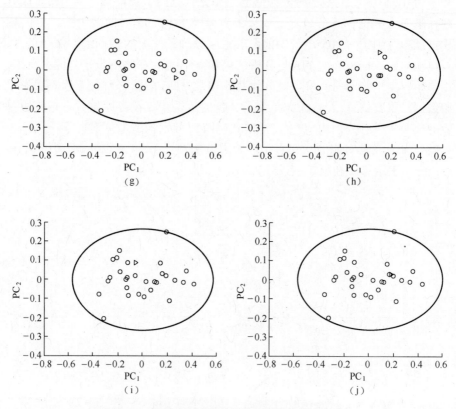

图 4.9　前两阶主成分椭圆控制图(95%置信度)

图 4.9 中,圆圈表示参考总体样本,三角形表示检验样本。图 4.9(a)～
(j)椭圆控制图分别由原始数据矩阵 $\boldsymbol{\varphi}_1^1 \sim \boldsymbol{\varphi}_{10}^1$ 前两阶主成分构造。从图 4.9
中,可以明显看出,所有检验样本都在椭圆控制图内,说明检验样本和参考总
体来自相同结构状态。由于实测数据中难免会混入噪声污染,且测量过程中
会产生测量误差,所以在图 4.9 中,对于参考总体样本会出现某个点在控制椭
圆边缘。在选择参考总体时,可以对参考总体组成的原始矩阵数据进行主成
分分析,以其前两阶主成分组成的数据和在椭圆控制图中的分布,对某些不良
样本剔除,这样会加强参考总体的一致性,有利于对待检样本的检测。本节实
验没有对采集样本进行一致性检验,主要是验证本章所述方法相对于马氏距
离判别法对结构进行损伤识别的稳定性。

同样,在参考总体 $\boldsymbol{G}_R = (\boldsymbol{\varphi}_1^{u_1}, \boldsymbol{\varphi}_2^{u_1}, \cdots, \boldsymbol{\varphi}_{30}^{u_1})^T$ 中加入待检样本 $\boldsymbol{\varphi}_1^{u_2}, \boldsymbol{\varphi}_2^{u_2}, \cdots,$
$\boldsymbol{\varphi}_{30}^{u_2}$,从而得到 30 个不同的原始数据矩阵 $\boldsymbol{\varphi}_i^2 = (\boldsymbol{\varphi}_1^{u_1}, \boldsymbol{\varphi}_2^{u_1}, \cdots, \boldsymbol{\varphi}_{30}^{u_1}, \boldsymbol{\varphi}_i^{u_2})^T, (i = $

$1,2,\cdots,30)$，对 $\boldsymbol{\varphi}_i^2$ 分别进行中心化处理，再进行主成分分析。以 $\boldsymbol{\varphi}_1^2 = (\boldsymbol{\varphi}_1^{u_1},$ $\boldsymbol{\varphi}_2^{u_1},\cdots,\boldsymbol{\varphi}_{30}^{u_1},\boldsymbol{\varphi}^{u_2})^{\mathrm{T}}$ 为例，对其进行主成分分析的结果如表 4.2 所列。

表 4.2　原始数据矩阵 $\boldsymbol{\varphi}_1^2$ 的前 13 阶特征值及其贡献率

主成分阶数	特征值 λ	贡献率 γ /%	累积贡献率 $\sum \gamma$ /%
1	0.0452	73.77	73.77
2	0.0099	16.11	89.88
3	0.0027	4.47	94.34
4	0.0012	1.89	96.24
5	0.0009	1.47	97.71
6	0.0004	0.60	98.31
7	0.0003	0.43	98.75
8	0.0002	0.35	99.09
9	0.0001	0.23	99.32
10	0.0001	0.16	99.48
11	0.0001	0.14	99.63
12	0.0001	0.10	99.73
13	0.0001	0.09	99.82

注：全部特征值的和 $\sum_{i=1}^{20} \lambda_i = 0.0613$，特征值保留 4 位有效数字，贡献率和累积贡献率保留两位有效数字

根据表 4.2 可知，$\boldsymbol{\varphi}_1^2$ 的前两阶主成分的累积贡献率为 89.88%，其他原始数据矩阵主成分分析结果和 $\boldsymbol{\varphi}_1^2$ 相似，在此不赘述。由于篇幅限制，在此只列出部分椭圆控制图，其中图 4.10(a)~(j)分别为构建的 30 个待检样本 95% 置信度椭圆控制图中的第 1、4、7、10、13、16、19、22、25、28 个控制椭圆。

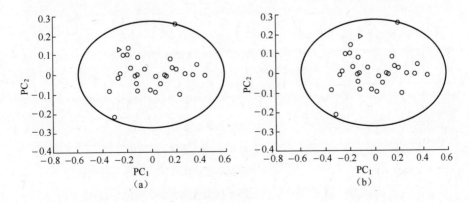

（a）　　　　　　　　　　　　　　（b）

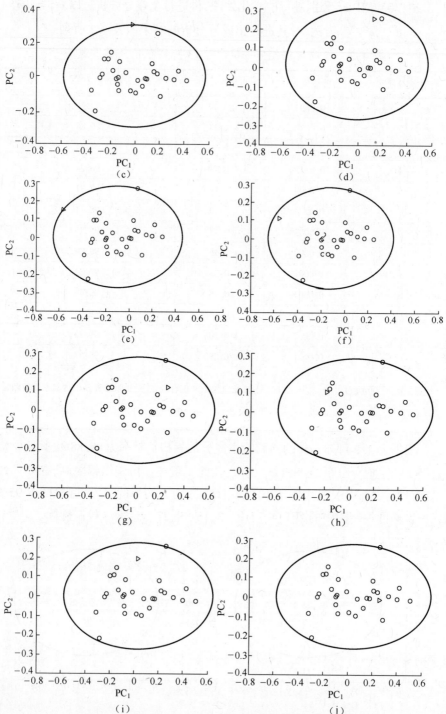

图 4.10 φ_i^2 前两阶主成分部分椭圆控制图(95%置信度)

从图 4.10 可以看出,所列出的待检样本 $\{\boldsymbol{\varphi}_1^{u_2}, \boldsymbol{\varphi}_2^{u_2}, \cdots, \boldsymbol{\varphi}_{30}^{u_2}\}$ 中第 1、4、7、10、13、16、19、22、25、28 个样本和参考总体来自相同结构状态,事实上全部的控制椭圆中只有 3 个控制椭圆出现奇异点,主要是噪声污染或测量误差所致,但待检样本中 90% 的样本和参考总体显示相似的属性,足以判断结构未出现损伤,这与事实相符。

对比马氏距离判别法和本节所述方法对结构健康状态的判别结果可知,对原始数据矩阵进行主成分分析提取其前两阶主成分,不但能够显示结构状态的大部分信息,并且避免了变量多维性对结算结果的影响,相对于马氏距离判别法具有较强的稳定性。

4.4.4.2 损伤工况 1

损伤工况 1 为模拟传感器 5 所在主梁的下翼缘断裂损伤,同样以 S_5 采集数据进行分析,其参考总体不变为 $\boldsymbol{G}_R = (\boldsymbol{\varphi}_1^{u_1}, \boldsymbol{\varphi}_2^{u_1}, \cdots, \boldsymbol{\varphi}_{30}^{u_1})^T$,在损伤工况 1 时,通过数据采集、分段、AR 模型参数估计得到结构损伤工况 1 时的待检样本集 $\{\boldsymbol{\varphi}_1^{d_1}, \boldsymbol{\varphi}_2^{d_1}, \cdots, \boldsymbol{\varphi}_{30}^{d_1}\}$,其中 d_1 表示损伤工况 1,根据 4.3.3 节损伤识别方法的分析步骤,分别把待检样本 $\boldsymbol{\varphi}_1^{d_1}, \boldsymbol{\varphi}_2^{d_1}, \cdots, \boldsymbol{\varphi}_{30}^{d_1}$ 代入到参考总体中共获得 30 个不同的原始数据矩阵 $\boldsymbol{\varphi}_i^3 = (\boldsymbol{\varphi}_1^{u_1}, \boldsymbol{\varphi}_2^{u_1}, \cdots, \boldsymbol{\varphi}_{30}^{u_1}, \boldsymbol{\varphi}_i^{d_1})^T$ $(i = 1, 2, \cdots, 30)$,同样对各原始数据矩阵分别进行中心化,再进行主成分分解,可得到各原始数据矩阵相对应的前两阶主成分。以 $\boldsymbol{\varphi}_1^3$ 为例来说明对所有原始数据矩阵的主成分分析结果,如表 4.3 所列。

表 4.3 原始数据矩阵 $\boldsymbol{\varphi}_1^3$ 的前 12 阶特征值及其贡献率

主成分阶数	特征值 λ	贡献率 γ /%	累积贡献率 $\sum \gamma$ /%
1	0.7203	96.65	96.65
2	0.0170	2.05	98.70
3	0.0055	0.67	99.37
4	0.0018	0.22	99.58
5	0.0011	0.14	99.72
6	0.0007	0.09	99.81
7	0.0006	0.07	99.88
8	0.0003	0.04	99.92
9	0.0003	0.03	99.96
10	0.0001	0.01	99.97

主成分阶数	特征值 λ	贡献率 γ /%	累积贡献率 $\sum \gamma$ /%
11	0.0001	0.01	99.98
12	0.0001	0.01	99.98

注:全部特征值的和 $\sum\limits_{i=1}^{20} \lambda_i = 0.8214$,特征值保留 4 位有效数字,贡献率和累积贡献率保留两位有效数字

如表 4.3 所列, φ_1^3 的特征值在 12 阶以后几乎为 0,前两阶主成分对原始数据矩阵的累积贡献率达到了 98.70%,包含了原始数据矩阵的几乎全部信息,对 $\varphi_2^3 \sim \varphi_{30}^3$ 的主成分分析结果和 φ_1^3 相似,其前两阶主成分的累积贡献率都在 98.50% 左右,则通过前两阶主成分代替原始数据进行损伤识别能够反映结构损伤的具体信息。分别构建各原始数据矩阵前两阶主成分的椭圆控制图,限于篇幅,在此列出所有椭圆控制图中的第 2、5、8、11、14、17、20、23、26、29 个控制椭圆,如图 4.11 所示。

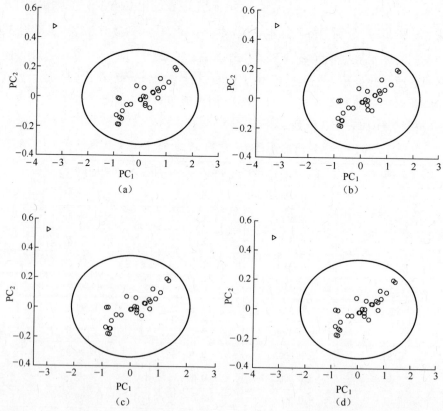

(a)

(b)

(c)

(d)

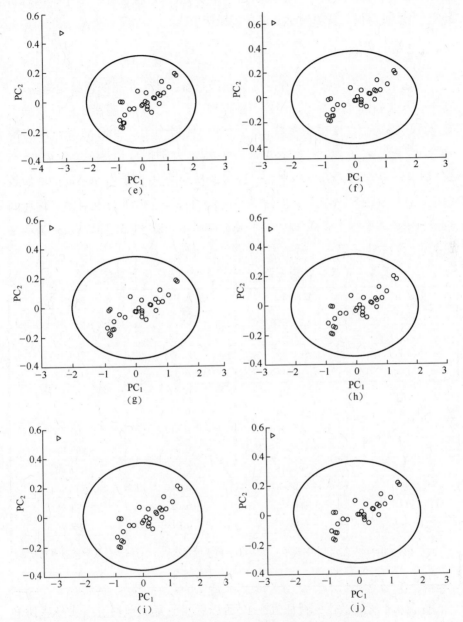

图 4.11 φ_i^3 前两阶主成分部分椭圆控制图(95%置信度)

图 4.11(a)～(j)分别为所有椭圆控制图中的第 2、5、8、11、14、17、20、23、26、29 个控制椭圆。由图 4.11 可知,所列的椭圆控制图中的所有待检样本都为奇异点,且和椭圆控制界限的距离较大,很明显和参考总体不一致,说明待

检样本和参考总体来自结构不同状态。事实上，所有椭圆控制图中都出现奇异点，由此可以很直观地判断结构存在损伤。

4.4.4.3　损伤工况2

损伤工况2为传感器1所在次梁和传感器5所在主梁的连接螺栓松动，其连接方式如图4.4所示。同样，在损伤工况2时，对传感器5通过数据采集、分段、再进行AR模型参数估计得到结构损伤工况2时的待检样本集 $\{\boldsymbol{\varphi}_1^{d_2}, \boldsymbol{\varphi}_2^{d_2}, \cdots, \boldsymbol{\varphi}_{30}^{d_2}\}$，其中 d_2 表示损伤工况2，分别把待检样本 $\boldsymbol{\varphi}_1^{d_2}, \boldsymbol{\varphi}_2^{d_2}, \cdots,$ $\boldsymbol{\varphi}_{30}^{d_2}$ 加入到参考总体 $\boldsymbol{G}_R = (\boldsymbol{\varphi}_1^{u_1}, \boldsymbol{\varphi}_2^{u_1}, \cdots, \boldsymbol{\varphi}_{30}^{u_1})^\mathrm{T}$ 中，共形成30个不同的原始数据矩阵 $\boldsymbol{\varphi}_i^4 = (\boldsymbol{\varphi}_1^{u_1}, \boldsymbol{\varphi}_2^{u_1}, \cdots, \boldsymbol{\varphi}_{30}^{u_1}, \boldsymbol{\varphi}_i^{d_2})^\mathrm{T}$ （$i = 1, 2, \cdots, 30$），分别对中心化后的原始数据矩阵进行主成分分析，提取其前两阶主成分，在此，同样以 $\boldsymbol{\varphi}_1^4$ 为例来说明对原始数据矩阵的分析结果，如表4.4所列。

表4.4　原始数据矩阵 $\boldsymbol{\varphi}_1^4$ 的前12阶特征值及其贡献率

主成分阶数	特征值 λ	贡献率 γ /%	累积贡献率 $\sum \gamma$ /%
1	0.4714	96.29	96.29
2	0.0104	2.12	98.40
3	0.0034	0.69	99.10
4	0.0013	0.27	99.37
5	0.0010	0.19	99.56
6	0.0006	0.13	99.69
7	0.0005	0.11	99.80
8	0.0003	0.07	99.87
9	0.0003	0.06	99.93
10	0.0001	0.02	99.95
11	0.0001	0.02	99.96
12	0.0001	0.01	99.97

注：全部特征值的和 $\sum_{i=1}^{20} \lambda_i = 0.4896$，特征值保留4位有效数字，贡献率和累积贡献率保留两位有效数字

如表4.4所列，$\boldsymbol{\varphi}_1^4$ 的特征值在12阶以后几乎为0，前两阶主成分达到了98.40%，包含了原始数据的几乎所有信息。同样，对 $\boldsymbol{\varphi}_2^4 \sim \boldsymbol{\varphi}_{30}^4$ 的主成分分析结果和 $\boldsymbol{\varphi}_1^4$ 相似，其前两阶主成分的累积贡献率都在98.00%左右。分别构建 $\boldsymbol{\varphi}_i^4$ 前两阶主成分的椭圆控制图，在此列出所有椭圆控制图中的第3、6、9、12、15、18、21、24、27、30个控制椭圆，如图4.12所示。

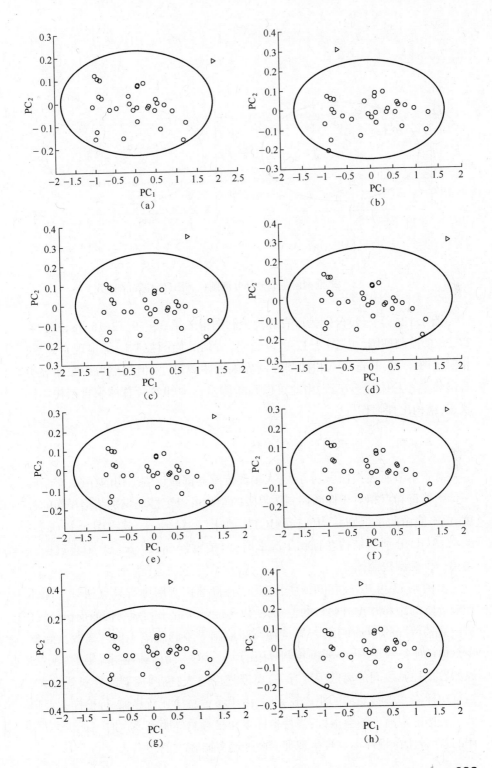

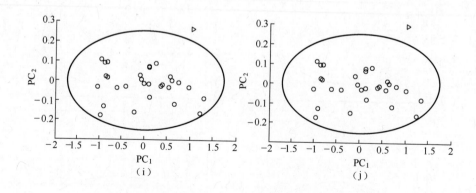

图 4.12 φ_i^4 前两阶主成分部分椭圆控制图（95%置信度）

图 4.12(a)～(j)分别为所有椭圆控制图中的第 3、6、9、12、15、18、21、24、27、30 个控制椭圆。从图 4.12 可以看出，所列的椭圆控制图都出现奇异点，相对于图 4.11,其奇异点和椭圆控制界限的距离减小，但仍然可以很明显分辨出和参考总体的不一致，由此可以判断待检样本和参考总体来自结构不同状态，结构出现损伤。

4.4.4.4 损伤识别的整体描述

对于本节所述损伤识别方法，大多数传感器都能识别结构的存在，对于同一传感器奇异点相对于椭圆控制图界限的距离可以定性地识别结构损伤的程度，但不能由此来识别结构的损伤位置。如图 4.13 所示，其中图 4.13(a)～图 4.13(d)分别为结构在损伤工况 2 时,由传感器 S_1、S_2、S_3、S_4 采集数据所得第一个椭圆控制图。

由图 4.13 可知，在相同损伤状态下，各椭圆控制图奇异点相对于椭圆控制界限的距离并没有明显的差别，所以不能基于此来判别结构的损伤位置。造成这种情况的主要原因：奇异点到椭圆控制界限的距离不但与离散点到参考总体的距离有关，也与椭圆控制界限的大小有关，而椭圆控制界限的大小与原始数据样本之间的离散程度有关，离散程度越大，椭圆控制的界限就越大，当待检样本和参考总体的距离较大时，由于参考总体比较离散，待检样本点到参考总体的距离也不会很大；当待检样本和参考总体距离不大时，由于参考总体的紧致性，待检样本也会呈现到椭圆控制界限较大的距离。

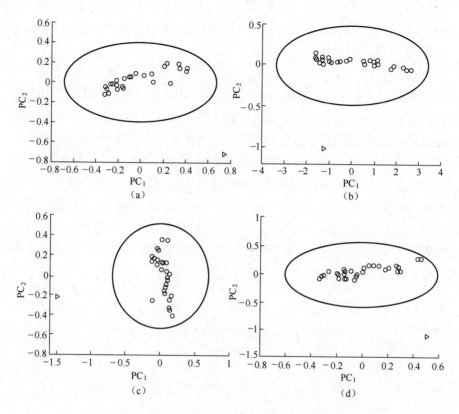

图 4.13　损伤工况 2 时不同传感器所得椭圆控制图

对于相同传感器的检验结果做整体描述,本节引用假设检验的概念对椭圆控制图的识别结果进行整体描述。设原假设 H_0:两种状态下结构加速度 AR 模型参数不存在显著差异。备择假设 H_1:两种状态下结构加速度 AR 模型系数存在显著性差异。通过椭圆控制图离群值可以方便、直观地判断两种状态下结构加速度 AR 模型系数是否存在显著差异,对本节的三种结构状态的损伤识别假设检验结果如表 4.5 所列。

表 4.5　假设检验结果(显著性水平 $\alpha = 0.05$)

损伤模式	结构健康状态		损伤工况 1		损伤工况 2	
损伤识别结果	H_0	H_1	H_0	H_1	H_0	H_1
	9/10	1/10	0/30	30/30	0/30	30/30
注:b/a 表示在 a 次假设检验中结果为 H_0 的次数为 b,c/a 表示 a 次假设检验中结果为 H_1 的次数为 c						

4.5 本章小结

  本章研究了基于结构加速度时间序列的损伤识别方法,以结构加速度 AR 模型参数为结构损伤特征向量,分别获取结构在不同状态下的损伤特征向量样本,以结构无损伤状态损伤特征向量为参考样本,以结构损伤状态特征向量为待检样本,把待检样本中各损伤特征向量逐个加入参考样本中,构建多个原始数据矩阵,对这多个原始数据矩阵进行主成分分析,提取各原始数据矩阵的前两个主成分,并构造其相应的椭圆控制图,由原始数据矩阵的前两个主成分散点图在椭圆控制图中的分布判别结构是否损伤。最后用钢框架结构实验验证了本章所述方法的有效性和准确性,和马氏距离判别法相比,此方法具有更好的识别稳定性。

第5章
基于振动传递率的损伤识别方法研究

5.1　引言

损伤识别方法是结构健康监测系统成败的关键,目前基于振动的损伤识别方法因测试简单、方便且不依赖于模型而成为研究的热点。一般来说,基于振动的损伤识别方法是对结构进行激励(自然激励或人工激励),通过振动测试、数据采集、信号分析与处理,由结构频响函数拟合结构物理参数,由物理参数的变化识别结构的损伤。但基于结构物理参数的损伤识别方法在实际工程难以应用,主要原因有:固有频率对结构损伤不敏感,振型实际测量难度大、测量不准,并且这些物理参数在由测量数据拟合的过程中会出现误差等。于是,有学者提出直接用结构频响函数进行损伤识别[157,158],这不但避免了通过频响函数拟合计算结构物理参数的误差,还保留了拟合过程中的丢失信息。后来针对利用频响函数进行损伤识别的缺点,杨彦芳建立了频响函数和主成分分析相结合的损伤识别方法,并通过统计控制图来识别结构是否存在损伤和损伤位置[10]。

直接利用频响函数识别结构损伤有其局限性,需要同时测量结构的激励和响应数据,但事实上一些激励很难测量甚至根本无法测量,如环境荷载、地震震动等。针对频响函数激励荷载难以测量的缺点,有学者通过结构两点之间的振动传递率来识别结构的损伤,此类方法摆脱了对结构激励的依赖,具有较大的工程实际意义。Zhang 等详细地推导了振动传递率的计算公式,并用振动传递率曲率对一剪切型结构进行损伤识别和损伤定位[159]。Manson 和 Worden 等通过一机翼的损伤识别实验,研究振动传递率对损伤的敏感性,并验证了其不同频带对损伤敏感程度的不同,最后还结合神经网络识别结构的损伤位置[160]。

本章提出了一种基于振动传递率和主成分分析相结合的损伤识别新方法。首先，由结构无损伤时某两个位置的振动传递率构成结构的参考总体，以结构损伤状态时相同位置的振动传递率构成待检样本集；其次，把待检样本逐个代入参考总体中构成多个原始数据矩阵；然后，对原始数据矩阵进行主成分分析并构造相应的控制椭圆和 T^2 控制图，用前两阶主成分散点图在控制椭圆和 T^2 控制图中的分布来确定结构是否存在损伤；最后，用钢框架结构实验验证了本书方法的有效性，并引入振动传递率的累积变化量来识别结构损伤位置，损伤识别结果显示此损伤指标能够准确地识别结构单一位置的损伤。

5.2　理论基础

结构的运用方程可描述为

$$M\ddot{x} + C\dot{x} + Kx = f_{\text{natural}}(t) + f_{\text{actuator}}(t) \tag{5.1}$$

式中：x 为 $n \times 1$ 位移向量；M、C 和 K 分别为结构的质量矩阵、阻尼矩阵以及刚度矩阵，且都为对称矩阵；$f_{\text{natural}}(t)$ 为未测量的环境激励荷载；$f_{\text{actuator}}(t)$ 为未测量的来自单个和多个激励源的人工激励荷载。

图 5.1 为振动传递率监测系统，在时间段 T_0 内，结构加速度向量的离散傅里叶变换公式为

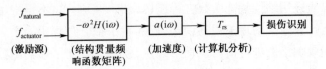

图 5.1　振动传递率监测系统

$$a(\omega, T_0) = -\omega^2 H(\omega)[f_{\text{natural}}(\omega, T_0) + f_{\text{actuator}}(\omega, T_0)] \tag{5.2}$$

式中：a 为 $n \times 1$ 加速度向量；$H = (K - \omega^2 M + i\omega D)^{-1}$ 是为 $n \times n$ 的频响函数（Frequency Response Function，FRF）矩阵，$i = \sqrt{-1}$，$\omega = 2\pi f$，单位为 rad/s。

将方程式(5.1)右乘加速度向量的共轭向量（为了描述的方便，下面的公式表达式中舍去了 (ω, T_0)）可得

$$aa^* = -\omega^2 H[f_{\text{natural}} + f_{\text{actuator}}]a^* \tag{5.3}$$

式中：a^* 为 a 的共轭向量。

设 h 为 H 的列向量，构造矩阵 aa^* 的比如下：

$$\frac{\boldsymbol{a}_r \boldsymbol{a}_s^*}{\boldsymbol{a}_s \boldsymbol{a}_s^*} = \frac{\boldsymbol{h}_r^{\mathrm{T}}(f_{\text{natural}} + f_{\text{actuator}})}{\boldsymbol{h}_s^{\mathrm{T}}(f_{\text{natural}} + f_{\text{actuator}})} \tag{5.4}$$

式中：a_r 和 a_s 分别为结构测点 r 和 s 的加速度测量值。

式(5.4)分子分母同乘以 $(\boldsymbol{h}_s^{\mathrm{T}}(f_{\text{natural}} + f_{\text{actuator}}))^*$ 可得

$$\frac{\boldsymbol{a}_r \boldsymbol{a}_s^*}{\boldsymbol{a}_s \boldsymbol{a}_s^*} = \frac{\boldsymbol{h}_r^{\mathrm{T}}(f_{\text{natural}} + f_{\text{actuator}})(f_{\text{natural}} + f_{\text{actuator}})^* \operatorname{conj}(h_s)}{\boldsymbol{h}_s^{\mathrm{T}}(f_{\text{natural}} + f_{\text{actuator}})(f_{\text{natural}} + f_{\text{actuator}})^* \operatorname{conj}(h_s)} \tag{5.5}$$

激励荷载的谱密度函数表达式为

$$G_{nn}(\mathrm{i}\omega) = \frac{\text{Lim}}{(T_0 \to \infty)} \frac{2}{T_0} E[f_{\text{natural}} f_{\text{natural}}^*] \ , \ \omega > 0 \tag{5.6}$$

$$G_{aa}(\mathrm{i}\omega) = \frac{\text{Lim}}{(T_0 \to \infty)} \frac{2}{T_0} E[f_{\text{actuator}} f_{\text{actuator}}^*] \ , \ \omega > 0 \tag{5.7}$$

$$G_{na}(\mathrm{i}\omega) = \frac{\text{Lim}}{(T_0 \to \infty)} \frac{2}{T_0} E[f_{\text{natural}} f_{\text{actuator}}^*] = 0 \ , \ \omega > 0 \tag{5.8}$$

式中：E 表示数学期望值；假设环境激励与人工激励不相关，且它们的均值为零。

通过取时间段 T_0 内期望来求加速度平均值，则式(5.5)可变为

$$\frac{G_{rs}}{G_{ss}} = \frac{\boldsymbol{h}_r^{\mathrm{T}} G_{ff} \operatorname{conj}(h_s)}{\boldsymbol{h}_s^{\mathrm{T}} G_{ff} \operatorname{conj}(h_s)} \tag{5.9}$$

式中：G_{rs} 为结构测点 r 和 s 的加速度响应的互功率谱；G_{ss} 为结构测点 s 的加速度响应的自功率谱；$\boldsymbol{G}_{ff} = G_{aa} + G_{nn}$ 为环境激励和人工激励的自功率谱之和，为对角矩阵。

加速度响应谱为

$$G_{rs}(\mathrm{i}\omega) = \frac{\text{Lim}}{(T_0 \to \infty)} \frac{2}{T_0} E[a_r^* a_s] \ , \ \omega > 0 \tag{5.10}$$

$$G_{ss}(\mathrm{i}\omega) = \frac{\text{Lim}}{(T_0 \to \infty)} \frac{2}{T_0} E[a_s^* a_s] \ , \ \omega > 0 \tag{5.11}$$

则结构测点 r 和 s 之间的振动传递率可表示为

$$\frac{G_{rs}}{G_{ss}} = \frac{h_s^* G_{ff} h_r}{h_s^* G_{ff} h_s} \tag{5.12}$$

由式(5.12)可知，结构振动传递率是结构频响函数的函数，而频响函数包含了结构模态参数的全部信息。根据结构振动方程可知，结构的模态参数是结构状态的反映，结构的任何位置存在损伤都会造成模态参数的变化，据此可推断利用振动传递率进行损伤识别是切实可行的。在求振动传递率的过程

中,荷载只作为激励源,而没有参与运算,从而避免了对其进行测量,这相对于频响函数具有更加重要的工程实际意义。

5.3 振动传递率特性的仿真研究

为了更好地说明振动传递率的特性,用简单的剪切型结构模型数值模拟实验来验证振动传递率对结构损伤的敏感性和有效性。

5.3.1 仿真模型描述

数值模型为悬臂梁,长 15m,模型截面积为 $0.15m^2$,模型材料密度为 $7800kg/m^3$,弹性模量为 $2.1×10^{11}Pa$,泊松比为 0.26,数值模拟实验平台为有限元软件 ABAQUS6.9,为计算方便,模型划分为 10 个单元,单元节点分别为 S_1、S_2、S_3、S_4、S_5、S_6、S_7、S_8、S_9 和 S_{10},如图 5.2 所示。

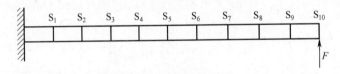

图 5.2　悬臂梁仿真模型

5.3.2 可重复性

振动传递率实际上是结构测量信息与结构状态之间的一种映射,这种映射必须要满足使得不同的结构测试数据对应不同的结构状态;同理,使得相同的结构测试数据对应相同的结构状态,而具有这一特性是振动传递率能够用于结构损伤识别的关键。为了验证振动传递率的这一特性,用 Matlab7.70 生成 3 组不同的随机白噪声数据对结构进行激励,以模拟对结构的激振器激励,这 3 组激励分别用 wt_1、wt_2、wt_3 表示,3 次激励在相同位置。

在相同结构状态,3 组不同激励条件下,分别计算节点 S_1 和 S_2,节点 S_2 和 S_3,节点 S_3 和 S_4,节点 S_4 和 S_5,节点 S_5 和 S_6,节点 S_6 和 S_7,节点 S_7 和 S_8,节点 S_8 和 S_9,以及节点 S_9 和 S_{10} 之间的振动传递率幅值,其计算结果如图 5.3(a)～(i)所示,其中振动传递率用 T_{ij} 表示,i,j 代表节点位置。

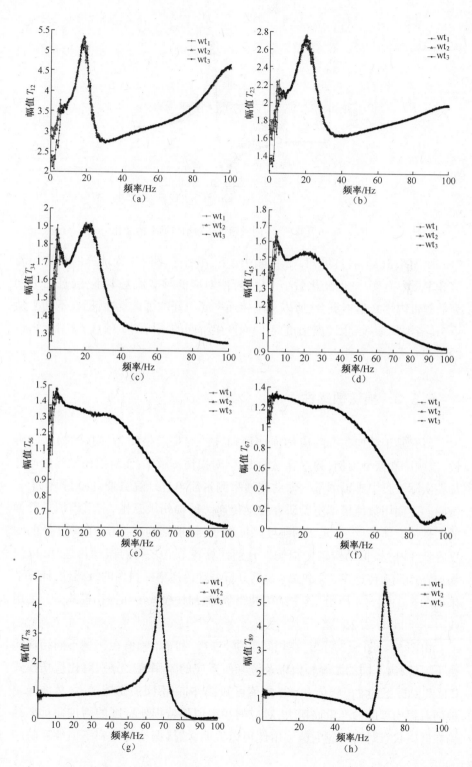

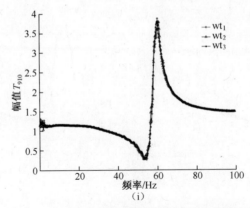

图 5.3 （见彩图）不同激励下各振动传递率的变化

由图 5.3(a) ~ (i)可知,在不同激励下,由各个不同位置计算的结构振动传递率虽然有变化,但变化微小,其波峰所对应的频率值基本不变,且在绝大多数频带内谱线基本重合,所以振动传递率有很好的可重复性,即在不同激励下,其结构状态不会因为激励的不同而产生不同的结构测量信息,这对于结构的模式分类十分方便。

5.3.3　损伤敏感性

研究基于结构动态响应的损伤识别方法的难点是动态参数的损伤敏感性,以频率和振型为例,频率容易测得,但对损伤不敏感;而对损伤敏感的振型却在实际工程中难以测量。振动传递率测量简单且计算方便,并对损伤十分敏感。下面用数值模拟实验研究振动传递率的损伤敏感性,本书模拟悬臂梁的两种情况损伤:①单元 2 的刚度降低 10%,模拟结构小损伤;②单元 2 的刚度降低 30%,模拟结构较大损伤。分别计算各节点之间的振动传递率,以损伤位置点振动传递率 T_{12} 和 T_{23} 为例分析振动传递率对损伤的敏感性,计算结果如图 5.3、图 5.4 所示,其中结构健康状态、损伤模式 1 和损伤模式 2 分别用 Ch、Cd_1 和 Cd_2 表示。

由图 5.4、图 5.5 可知,在相同激励下,T_{12} 和 T_{23} 幅值在三种不同结构状态下,呈现出不同的波峰幅值以及波峰所对应的频率值。分别对比损伤模式 Cd_1 和 Cd_2 下的 T_{12} 幅值和 T_{23} 幅值可知,结构在不同损伤情况下,其波峰幅值随着损伤程度的严重而增大,对应的频率值随着损伤程度的增加而远离结构在健康状态时所对应的值。由此可以说明,结构振动传递率不但能反映结

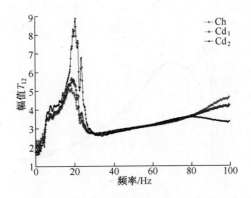

图 5.4　（见彩图）不同结构状态下 T_{12} 幅值

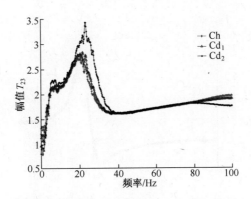

图 5.5　（见彩图）不同结构状态下 T_{23} 幅值

构是否损伤,而且能反映结构的损伤程度。

5.3.4　损伤位置的敏感性

由于振动测量值大多反映的是结构状态的全局量,因此基于振动测量的损伤定位方法是一个难点,根据 5.2 节对振动传递率的理论分析可知,振动传递率是结构频响函数的函数,而各测点频响函数幅值在某阶模态频率处峰值之比等于该阶模态振型在测点处的坐标之比[166],则振动传递率中也包含了结构振型的信息,据此可推断利用振动传递率可识别结构损伤位置。根据 5.3.3 节中所介绍的结构两种损伤模式,分别计算 T_{45} 和 T_{89} 的幅值,并和结构无损伤状态时进行对比,计算结果如图 5.6,图 5.7 所示,其中 Ch、Cd_1 和 Cd_2 分别表示结构无损状态、损伤模式 1 和损伤模式 2。

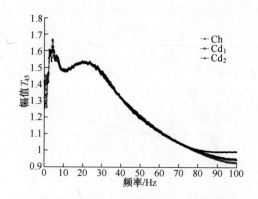

图 5.6 （见彩图）不同结构状态下 T_{45} 幅值

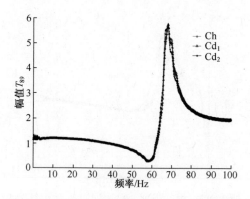

图 5.7 （见彩图）不同结构状态下 T_{89} 幅值

由图 5.6、图 5.7 可知，在结构小损伤时 T_{34} 幅值谱图和其在无损伤状态时基本重合，即使在大损伤时，变化也不大。而由远离损伤位置的测点计算所得的 T_{89} 幅值谱图，在小损伤和大损伤时和结构无损伤状态基本不变，细小变化在工程实际中或可能认为是环境因素或噪声影响所造成的。

引入文献[159]中所述方法，用振动传递率总体变化量的相比比值 TAC_{ij} 为结构损伤指标分别表示各测点的振动传递率在不同损伤模式下的变化，计算公式如式为

$$TAC_{ij} = \int_0^f |T_{ij}^h - T_{ij}^d| \, df \bigg/ \int_0^f |T_{ij}^h| \, df \qquad (5.13)$$

式中：T_{ij}^h 为结构无损状态时测点 i 和点 j 之间的振动传递率；T_{ij}^d 为结构损伤状态时由相同测点计算的振动传递率；f 为频率。

计算结果如表 5.1 所列。

表 5.1　损伤模式 1、2 不同测点的 TAC_{ij}

损伤模式	TAC_{12}	TAC_{23}	TAC_{34}	TAC_{45}	TAC_{56}	TAC_{67}	TAC_{78}	TAC_{89}	TAC_{910}
模式 1	0.0457	0.0253	0.0110	0.0080	0.0071	0.0135	0.0288	0.0229	0.0195
模式 2	0.1990	0.1047	0.0463	0.0249	0.0270	0.0473	0.1011	0.0809	0.0697

由表 5.1 可知,在损伤模式 1 和损伤模式 2 时,由各测点计算的 TAC_{ij} 最大值总是出现在损伤位置点,很好地识别出结构损伤位置。为进一步验证振动传递率对损伤位置的敏感性,另构建两种损伤模式,损伤模式 3,单元 3 刚度降低 10%;损伤模式 4,单元 3 刚度降低 10%,单元 8 刚度降低 20%。由各测点计算所得振动传递率的累积变化量见表 5.2,其柱状图如图 5.8、图 5.9 所示,图中 Cd_3、Cd_4 分别表示损伤模式 3 和损伤模式 4。

表 5.2　损伤模式 3、4 不同测点的 TAC_{ij}

损伤模式	TAC_{12}	TAC_{23}	TAC_{34}	TAC_{45}	TAC_{56}	TAC_{67}	TAC_{78}	TAC_{89}	TAC_{910}
模式 3	0.0519	0.0428	0.0275	0.0110	0.0080	0.0153	0.0135	0.0111	0.0115
模式 4	0.2917	0.3266	0.1770	0.0748	0.0343	0.0564	0.1143	0.0973	0.1302

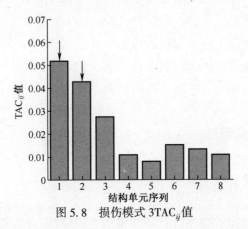

图 5.8　损伤模式 3 TAC_{ij} 值

根据表 5.2 可知,在损伤模式 3 时,损伤位置的 TAC_{ij} 值明显大于其他位置,在损伤模式 4 时,由于存在多位置损伤,对于整个结构,损伤程度增大,因此各点的 TAC_{ij} 都有了明显的变化,在损伤位置的 TAC_{ij} 明显高于其附近位置的 TAC_{ij} 值,但结果没有单位置损伤识别结果明显。

根据以上分析可知:结构振动传递率对结构损伤有较强的敏感性;利用其在未知状态相对于无损伤状态的振动传递率总体变化量比值能够识别结构单

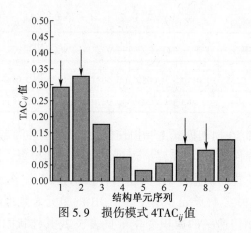

图 5.9 损伤模式 4TAC$_{ij}$值

位置损伤和多位置损伤,但对于单位置损伤识别具有更好的效果;利用相同测点振动传递率累积变化量的大小还可以定性地识别结构的损伤程度。

5.4 实验验证

根据前面理论分析和数值模拟实验验证可知,结构振动传递率不但能够反映结构损伤存在的信息,对于剪切型结构,其还能反映结构损伤位置。为了进一步拓展振动传递率在结构损伤识别中的应用,本章以第 4 章实验对振动传递率在框架结构中的损伤识别进行了实验验证,并提出了一种结合振动传递率和主成分分析相结合的新的损伤识别方法。

5.4.1 实验描述

5.4.1.1 实验模型

第 4 章已经对实验模型进行了详细描述,在此不再重复叙述。与第 4 章实验不同的是传感器的布设位置,本章实验对于传感器的布设位置和激振器激励位置设置如图 5.10 所示,传感器位置分别由文字 $a \sim m$ 进行了标注。

5.4.1.2 测试量的选择

由 5.2 节可知,振动传递率反映的是结构两点之间的动力响应特性,其输入和输出具有相同意义的物理量,具体定义如下:

图 5.10　实验模型及传感器位置

$$T_{ab} = G_{ab}/G_{bb} \tag{5.14}$$

式中：T_{ab} 为结构中点 a 和点 b 之间的振动传递率，G_{ab} 为点 a 响应和点 b 响应之间的互功率谱，G_{bb} 为点 b 响应的自功率谱。

文献[162]证明：采用力 F、位移 X、速度 V、加速度 A 等响应计算结构振动传递率具有相同的表达式，在实际工程中加速度测量最为方便和快捷，所以本章的验证实验选择最容易测量的结构加速度来计算结构两点之间的振动传递函数。

振动传递率是复函数，在工程应用中通常采用其幅频特性，即

$$|T_{ab}| = |G_{ab}/G_{bb}| \tag{5.15}$$

5.4.1.3　测试方法

实验采用的是固定位置激振器激振的方法，分别采集各测点激励时的响应信号。实验测量仪器使用的是 16 通道 DH5920N 动态信号测试分析系统，DH5920N 动态信号测试分析系统包含动态信号测试所需的信号调理器（应变、振动等调理器）、直流电压放大器、抗混滤波器、A/D 转换器、缓冲存储器以及采样控制和计算通信的全部硬件，并提供操作方便的控制软件及分析软件。传感器为 DH131E 加速度传感器，是一种压电式传感器，其量程为 5000m/s^2，频率响应为 $1 \sim 10000 \text{Hz}$。用 JZK-10 激振器对结构进行激励，激振器的激励信号由 DH5920N 动态测试系统提供，可以改变放大器电压增益或动态测试系统中激励源电压值来改变激励信号的大小，激励源信号发生器有多种方式，如扫频信号、正弦信号、随机激励信号等。激振器激励的动力测试工作原理如图 5.11 所示。

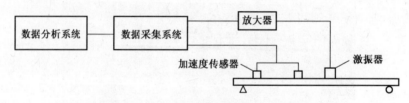

图 5.11　激振器激励的动力测试工作原理

5.4.2　实验工况设计

本章实验对象为钢框架结构,其中 3 个主梁下翼缘中间人为地断开,用 2 块连接面板和 8 个螺栓进行了等强度连接,3 个主梁和 6 个立柱间的连接方式同样为螺栓连接,8 个次梁和主梁之间用角铁和螺栓连接,连接方式如图 4.4 和图 4.5。为了实验的可持续性,模拟结构损伤时,没有对主梁、次梁和柱进行单个的破坏,只是用螺栓的松动分别模拟了主梁中间断裂,主梁和次梁的连接松动两种损伤形式。本章实验设计的损伤工况有 3 种,再加上结构无损伤状态,则整个实验工况共有 4 种,分别标识是工况 1、工况 2、工况 3 和工况 4,如表 5.3 所列。其中工况 1 为结构损伤识别的参考状态,工况 2、3 分别用以验证本章方法对结构在不同位置出现损伤时识别损伤存在的准确性,工况 4 用以验证本章方法对结构存在多位置的损伤时的识别能力。

表 5.3　实验工况设计

实验工况	工　况　描　述
工况 1	结构无损伤状态
工况 2	传感器 i 位置,主梁下翼缘中间断裂
工况 3	传感器 f 位置,主梁和次梁连接松动
工况 4	传感器 d 位置,主梁和次梁连接松动,同时,传感器 j 位置,主梁下翼缘中间断裂

5.4.3　损伤识别方法

本章的损伤识别方法和第 4 章相似,只是特征提取的过程不同,第 4 章中提取的特征参数为结构加速度时域响应的 AR 模型系数,而本章由结构两测

108

点的振动传递函数为结构特征参数。本章基于振动传递率的损伤识别方法步骤如下：

（1）在结构无损伤状态下测量结构两测点的加速度数据，共进行 n 次测量，得到两组数据样本集，分别为

$$S_1^{u_1} = \{\varphi_1^{u_1}, \varphi_2^{u_1}, \cdots, \varphi_n^{u_1}\} \ , \ S_2^{u_2} = \{\varphi_1^{u_2}, \varphi_2^{u_2}, \cdots, \varphi_n^{u_2}\}$$

（2）根据式（5.15），分别用 $S_1^{u_1}$ 和 $S_2^{u_2}$ 对应样本（即同次实验测量数据）计算振动传递率

$$|_u T_{12}^i(\omega)| = |G_{12}^i / G_{22}^i| \qquad (i = 1, 2, \cdots, n) \qquad (5.16)$$

式中：ω 为频率；G_{12}^i 为 $\varphi_i^{u_1}$ 和 $\varphi_i^{u_2}$ 的互功率谱；G_{22}^i 为 $\varphi_i^{u_2}$ 的自功率谱。

则所有振动传递率可构成结构参考状态样本集

$$T^u = \{|_u T_{12}^1|, |_u T_{12}^2|, \cdots, |_u T_{12}^n|\}$$

（3）测量结构在未知状态下的加速度数据，设共进行 m 次测量，根据步骤（1）、（2）得到结构在未知状态下的 m 个结构待检样本集

$$T^d = \{|_d T_{12}^1|, |_d T_{12}^2|, \cdots, |_d T_{12}^m|\}$$

（4）把结构未知状态 m 个待检样本分别添加到结构无损状态 n 个参考样本最后，构造 m 个原始数据矩阵

$$\varphi_i = (|_u T_{12}^1|, |_u T_{12}^2|, \cdots, |_u T_{12}^n|, |_d T_{12}^i|) \qquad (i = 1, 2, \cdots, m)$$

为使所有样本含有相同的数据量，则在计算振动传递率时，分别取相同的数据个数 K。所有计算基于 Matlab7.70 软件平台进行。一般而言，对于 K 个点时间序列的快速傅里叶变换为 K 个点的复数序列，其点 $L = K/2 + 1$ 对应于奈奎斯特频率，做谱分析时仅取序列个数的一半 $K/2$ 即可，则 $\varphi_i \in R^{(n+1)(K/2)}$。

（5）对 φ_i 进行中心化处理得到新的 m 个矩阵 $\widetilde{\varphi}_i$，（$i = 1, 2, \cdots, m$），中心化过程为：

$$\widetilde{\varphi}_i(j) = \varphi_i(j) - 1/n + 1 \sum_{j=1}^{n+1} \varphi_i(j) \qquad (j = 1, 2, \cdots, n+1) \qquad (5.17)$$

根据第 3 章中介绍的主成分分析的方法分别求 $\widetilde{\varphi}_i$ 其前 l 阶主成分

$$y_1^i = (y_{11}^i, y_{21}^i, \cdots, y_{(n+1)1}^i)^T \ , \ y_2^i = (y_{11}^i, y_{22}^i, \cdots, y_{(n+1)2}^i)^T, \cdots,$$
$$y_l^i = (y_{1l}^i, y_{2l}^i, \cdots, y_{(n+1)l}^i)^T$$

使得前 l 阶主成分包含原始数据信息 90% 左右，主成分分析法在第 3 章中已经进行了详细的推导和说明，在此不赘述。

（6）根据 4.3.2 节介绍的方法分别构造 m 个控制椭圆和 T^2 控制图，分别

观察两种控制图奇异点个数。在此需要说明的是，T^2 控制图是椭圆控制图的一个补充，由于选择振动传递率作为损伤特征参数，其维数很大，则对其构建的原始数据进行主成分分析时，前两阶主成分所包含原始数据的信息量比例不大，需要后几个主成分的 T^2 控制图对椭圆控制图的结果进行验证。在判别结构是否存在损伤，当椭圆控制图未出现奇异点时，应该用 T^2 控制图进行补充检验，以防止前两阶主成分对结构损伤的信息包含不足而产生误判；当椭圆控制图出现奇异点时，则不用再做 T^2 控制图进行补充判断。

（7）在实际测量过程中，由于环境的影响，噪声的干扰及其他不确定因素的作用，即使在同种结构状态下，也难免会有椭圆控制图或 T^2 控制图出现奇异点；但这只是偶然事件，不能反映结构的实质性变化。为避免偶然事件对测量结果的影响，则须对结构进行多次测量。在此，对于本章实验，人为的规定（6）中所有控制椭圆或 T^2 控制图包含奇异点图的个数大于待检样本数的 50% 时，则判断结构存在损伤。

5.4.4　识别损伤存在

5.4.4.1　计算振动传递率

图 5.10 中共有 13 个传感器，计算振动传递率的传感器组合分别为（a, k）、（b,k）、（c,m）、（d,m）、（e,m）、（f,m）、（g,k）、（h,k）、（i,l）、（j,l）共 10 个组合，则一次测量可得十组数据样本。实验采样频率为 1024Hz，在激励 5s 后开始采集数据，每次实验时间为 6s，则一次测量每个传感器获得的数据样本维数为 6144。在结构无损伤状态时进行 16 次激励，可得 16 个采样样本，用前 12 个样本构成结构状态判别参考总体 ${}_u^{}T_{ij} = \{ |{}_uT_{ij}^1|, |{}_uT_{ij}^2|, \cdots,$ $|{}_uT_{ij}^{12}| \}$，后 4 个样本作为为检验样本集 ${}_u^2T_{ij} = \{ |{}_uT_{ij}^{13}|, |{}_uT_{ij}^{14}|, |{}_uT_{ij}^{15}|,$ $|{}_uT_{ij}^{16}| \}$，其中 i 和 j 为用来计算振动传递率的测点，下表 u 表示结构无损伤状态。检验样本集用来检验本章方法对结构无损状态的判别情况；其他工况分别进行 10 次激励，各获得 10 个采样样本，${}_d^kT_{ij} = \{ |{}_dT_{ij}^1|, |{}_dT_{ij}^2|, \cdots,$ $|{}_dT_{ij}^{10}| \}$，上角标 k 表示工况种类，下角标 d 表示结构损伤状态，以这 10 个采样样本构成结构待检样本集。

本章采用 Welch 法计算振动传递率。Welch 法即改进的平均周期图法求取随机信号的功率谱密度，其包括两部分内容[163]：①分段平均周期图法（Bartlett 法），即将信号序列 $a_i(n)$（i 表示传感器编号，n 表示信号序列的次序)进行重叠分段,即前一段信号和后一段信号有一部分是重叠的,对每一小段信号序列进行功率谱估计,然后取平均值作为整个序列 $a_i(n)$ 的功率谱估计;②对分段数据加窗处理,即在对①中信号序列 $a_i(n)$ 分段后,用非矩形窗对每一小段信号序列进行预处理。本章所有计算都是基于软件 Matlab7.70 版本进行的,其自带函数 tfestimate 可进行振动传递率的直接计算,本章计算振动传递率的参数设置为:分段数据个数为 1024,采样频率为 1024Hz,数据重叠率为 75%,窗函数为(hanning)窗函数。

5.4.4.2　结构无损伤状态判别

在结构无损伤状态时,获得结构无损状态振动传递率样本为 $_uT_{ij} = \{|_uT_{ij}^1|, |_uT_{ij}^2|, \cdots, |_uT_{ij}^{16}|\}$,以前 12 个样本为结构状态判别参考总体 $_u^1T_{ij} = \{|_uT_{ij}^1|, |_uT_{ij}^2|, \cdots, |_uT_{ij}^{12}|\}$,后 4 个样本为 $_u^2T_{ij} = \{|_uT_{ij}^{13}|, |_uT_{ij}^{14}|, |_uT_{ij}^{15}|, |_uT_{ij}^{16}|\}$ 检验样本,分别把检验样本加入到参考总体中可构建 4 个原始数据矩阵 $\boldsymbol{\varphi}_{ij}^t$:

$$\boldsymbol{\varphi}_{ij}^t = (|_uT_{ij}^1|, |_uT_{ij}^2|, \cdots, |_uT_{ij}^{12}|, |_uT_{ij}^t|)^{\mathrm{T}} \quad (t = 1,2,3,4) \quad (5.18)$$

式中: $|_uT_{ij}^t| \in _u^2T_{ij}$ 。

根据式(5.17)分别对 $\boldsymbol{\varphi}_{ij}^t$ ($t = 1,2,3,4$)进行中心化可得 4 个新的矩阵 $\widetilde{\boldsymbol{\varphi}}_{ij}^t$,分别对 $\widetilde{\boldsymbol{\varphi}}_{ij}^t$ ($t = 1,2,3,4$)进行主成分分析,其分析结果显示,所有 $\widetilde{\boldsymbol{\varphi}}_{ij}^t$ 的前 10 阶主成分都包含了原始数据的 90% 以上的信息。以 $\boldsymbol{\varphi}_{fm}^t$ 和 $\boldsymbol{\varphi}_{il}^t$ 为例进行分析,其中下角标分别表示由传感器组合 (f,m) 和 (i,l) 计算的振动传递率样本所构建的原始数据矩阵,以 $\boldsymbol{\varphi}_{fm}^1$ 和 $\boldsymbol{\varphi}_{il}^1$ 为例说明分析结果,其前 10 阶特征值和主成分贡献率计算结果分别如表 5.4、表 5.5 所列(所有数据都保留两位有效数字)。

表 5.4　$\boldsymbol{\varphi}_{fm}^1$ 前 10 阶特征值和贡献率

主成分阶数	1	2	3	4	5	6	7	8	9	10
λ	1.01	0.72	0.63	0.33	0.27	0.24	0.23	0.21	0.18	0.16
$\gamma/\%$	23.82	17.09	14.98	7.85	6.35	5.78	5.42	4.94	4.21	3.79
$\sum\gamma/\%$	23.82	40.91	55.89	63.73	70.08	75.86	81.28	86.22	90.42	94.21
注:第 i 阶主成分的贡献率 $\gamma_i = \lambda_i / \sum\limits_{i=1}^{512}\lambda_i$,全部特征值的和 $\sum\limits_{i=1}^{512}\lambda_i = 4.2350$										

表 5.5　$\boldsymbol{\varphi}_{il}^{1}$ 前 10 阶特征值和贡献率

主成分 阶数	1	2	3	4	5	6	7	8	9	10
λ	10.26	8.06	7.03	5.05	4.79	4.06	3.65	3.27	3.10	2.35
$\gamma/\%$	18.36	14.43	12.57	9.04	8.57	7.26	6.53	5.84	5.55	4.20
$\sum\gamma/\%$	18.36	32.79	45.36	54.40	62.97	70.23	76.76	82.60	88.15	92.36

注:全部特征值的和 $\sum\limits_{i=1}^{512}\lambda_i=55.89$

由表 5.2、表 5.3 可知,两个不同原始数据的前 10 阶主成分分别包含了原始数据的 94.21% 和 92.36% 的信息量。事实上在第 12 阶以后的主成分,其信息量基本为零,因此采用其前 10 阶主成分对原始数据进行分析,不但能够包含原始数据的绝大部分信息,而且由于数据维数的减小,极大地降低了数据处理和分析的难度。由于篇幅限制,不能列出所有原始数据矩阵主成分分析结果,但所有分析结果都十分相似。下面用置信度为 95% 的椭圆控制图来显示对 φ_{fm}^{t} 和 φ_{il}^{t} 主成分分析的结果,如图 5.12、图 5.13 所示。

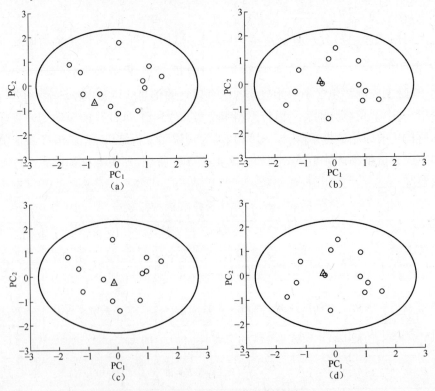

图 5.12　检验结果 95% 置信控制椭圆($\boldsymbol{\varphi}_{fm}^{t}$)

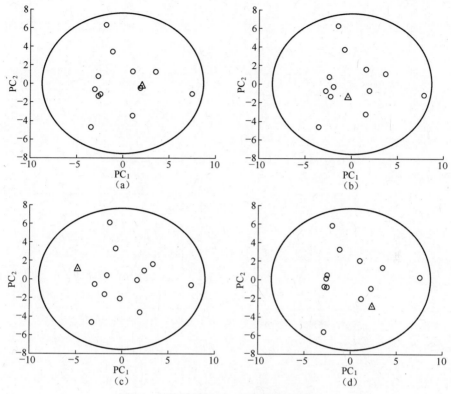

图 5.13　检验结果 95% 置信控制椭圆(φ_{it}^l)

图 5.12、图 5.13 中,PC_1、PC_2 分别表示原始数据矩阵的第一阶和第二阶主成分,圆点表示参考总体样本,三角形表示检验样本。从图中可知,检验样本和参考样本在 95% 椭圆控制图以内,即所有检验样本都不是奇异点,可以初步判别,检验样本和参考对应于相同结构状态。从前两阶主成分包含原始数据的信息比例可以看出,虽然前两阶主成分是所有主成分中包含原始数据信息量最多的两阶,但所占比例不大,只有 40% 左右,很有可能出现包含结构损伤信息不足的情况,则从前两阶主成分的椭圆控制图中还不能完全确定检验样本和参考总体的一致性,需要用后面几阶主成分构造 T^2 控制图来对椭圆控制图检验结果进行进一步的确认,用 95% 置信度的 T^2 控制图检验结果如图 5.14、图 5.15 所示。

根据图 5.14、图 5.15 可知,在所有 95% 置信 T^2 控制图中都未出现奇异点,则可以确定,检验样本和参考总体来自结构相同状态,判别结构未出现损伤。用假设检验的概念对所有传感器组合的分析结果进行说明,设原假设 H_0:检验样本和参考总体不存在显著差异。备择假设 H_1:检验样本和参考总体

113

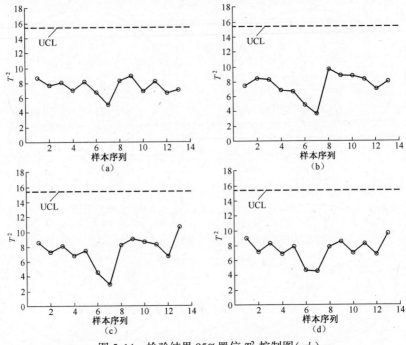

图 5.14　检验结果 95% 置信 T^2 控制图($\boldsymbol{\varphi}_{it}^t$)

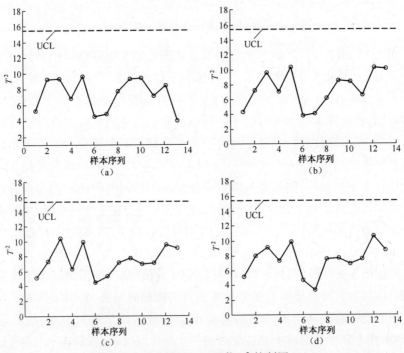

图 5.15　检验结果 95% 置信 T^2 控制图($\boldsymbol{\varphi}_{fm}^t$)

存在显著性差异。通过椭圆控制图和 T^2 控制图离群值可以很方便地判断检验样本和参考总体是否存在显著差异,所有传感器组合的分析结果如表 5.6 所列。

表 5.6　无损状态假设检验结果(显著性水平 $\alpha = 0.05$)

原始数据矩阵	φ_{ak}^t	φ_{bk}^t	φ_{cm}^t	φ_{dm}^t	φ_{em}^t	φ_{fm}^t	φ_{gk}^t	φ_{hk}^t	φ_{il}^t	φ_{jl}^t
H_0	4/4	4/4	4/4	4/4	4/4	4/4	4/4	4/4	4/4	4/4
H_1	0/4	0/4	0/4	0/4	0/4	0/4	0/4	0/4	0/4	0/4

注:0/4 表示在 4 次假设检验中结果为 H_0 的次数为 0,4/4 表示 4 次假设检验中结果为 H_1 的次数为 4

从表 5.6 中可知,对任何一个传感器对获得的原始数据矩阵进行分析,都未出现奇异点。当然,所取样本个数较少,并不能完全说明本章所介绍方法的有效性和准确性。下面几小节将对结构损伤工况进行判别,以对本章方法的有效性和准确性进一步验证。

5.4.4.3　损伤工况 2 识别结果

损伤工况 2 是传感器 i 位置主梁下翼缘断开,选择传感器组合 (i,l)、(b,k) 以及 (h,k) 为研究对象,这三组传感器对分别为损伤位置测点、靠近损伤位置测点和远离损伤位置测点。根据 5.4.4.1 节,这三个传感器组合可获得三组待检样本集

$$_d^2 T_{il} = \{ |_d T_{il}^1|, \ |_d T_{il}^2|, \cdots, \ |_d T_{il}^{10}| \}, \ _d^2 T_{bk} = \{ |_d T_{bk}^1|, \ |_d T_{bk}^2|, \cdots, \ |_d T_{bk}^{10}| \}, _d^2 T_{hk} = \{ |_d T_{hk}^1|, \ |_d T_{hk}^2|, \cdots, \ |_d T_{hk}^{10}| \}$$

分别把三组待检样本代入到参考总体中,根据式(5.18)可获得 10 个原始数据矩阵分别为 φ_{il}^t、φ_{bk}^t 以及 φ_{hk}^t,其中 $t = (1,2,\cdots,10)$,对 φ_{il}^t、φ_{bk}^t 和 φ_{hk}^t 中心化,并进行主成分分析,则对于每个传感器组合可构造 10 个椭圆控制图。这三组原始数据矩阵的前两阶主成分的 95% 置信度的椭圆控制图如图 5.16 ~ 图 5.18 所示。

由图 5.16 ~ 图 5.18 可知,在损伤位置和损伤位置附近振动传递率都能识别结构的损伤,但在远离损伤位置的测点不能感知结构的损伤。为避免前两阶主成分包含损伤信息的不足而造成损伤的误判,构建 φ_{hk}^t 前两阶主成分椭圆控制图相对应的 T^2 控制图,如图 5.19 所示,所有 T^2 控制图中都未出现奇异点,和椭圆控制图判别结果一致。

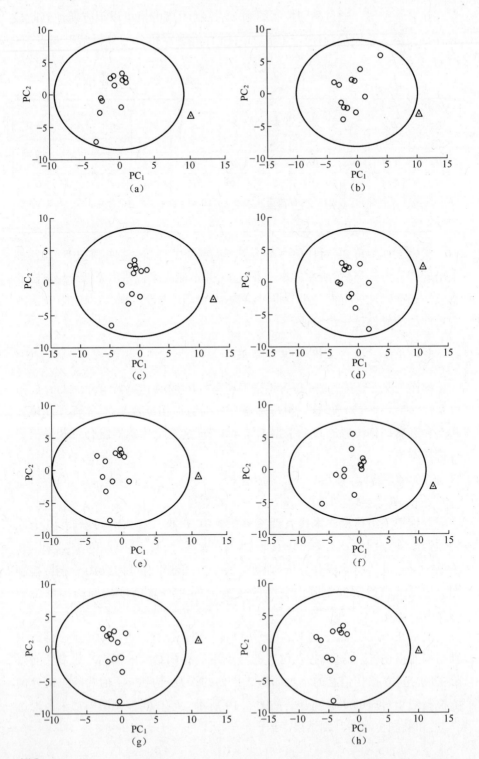

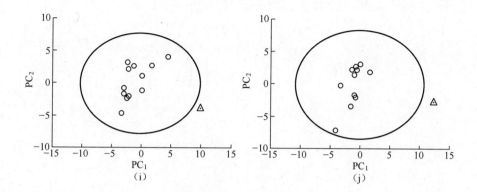

图 5.16　φ_{il}^{t} 前两阶主元椭圆控制图(95%置信度)

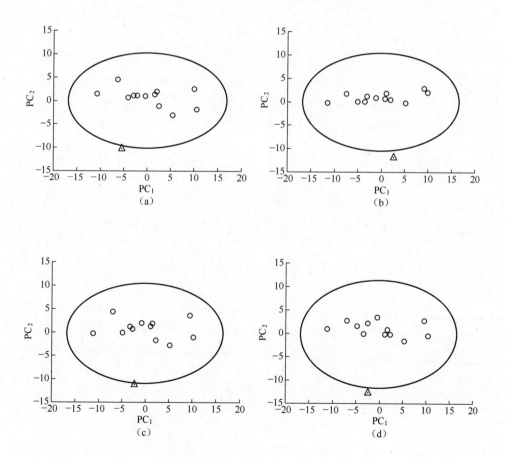

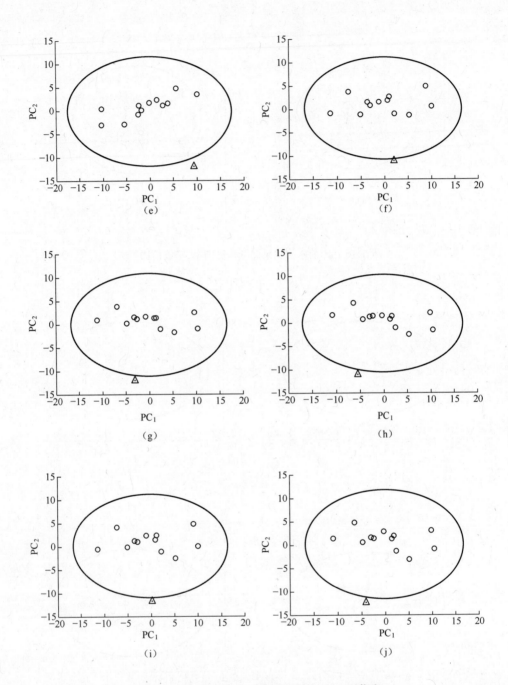

图 5.17　φ_{bk}^{t} 前两阶主元椭圆控制图(95%置信度)

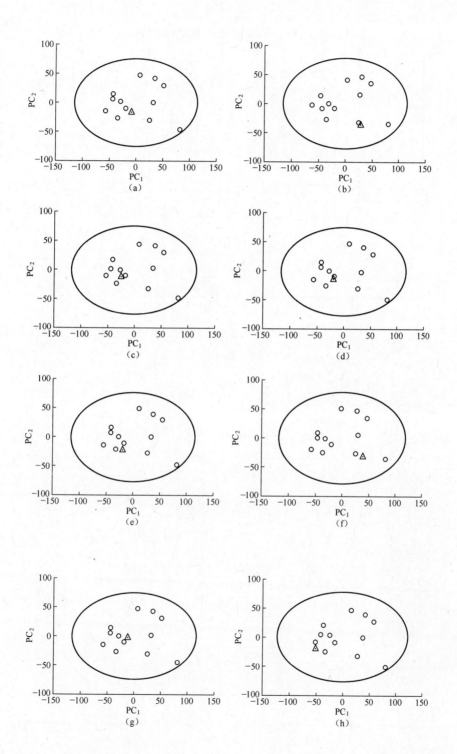

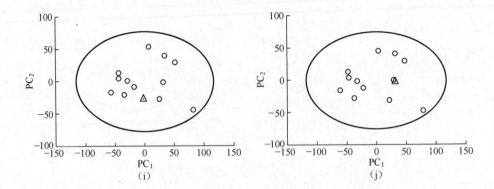

图 5.18 φ_{hk}^t 前两阶主元椭圆控制图(95%置信度)

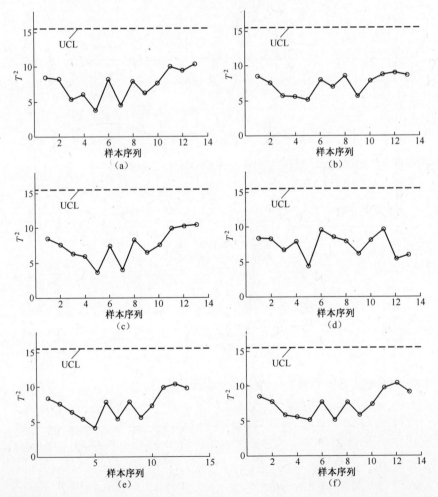

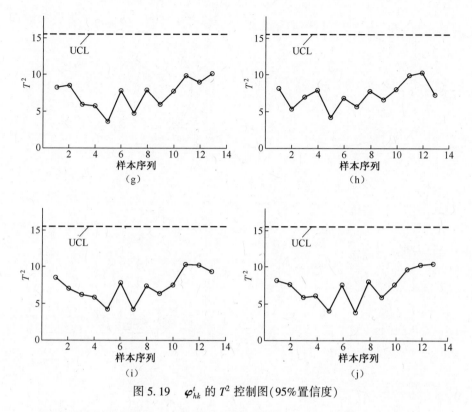

图 5.19　$\boldsymbol{\varphi}_{hk}^{t}$ 的 T^{2} 控制图（95% 置信度）

用假设检验的概念对所有传感器组合的分析结果进行说明,结果如表 5.7 所列。

表 5.7　损伤工况 2 假设检验结果(显著性水平 $\alpha = 0.05$)

原始数据矩阵	$\boldsymbol{\varphi}_{ak}^{t}$	$\boldsymbol{\varphi}_{bk}^{t}$	$\boldsymbol{\varphi}_{cm}^{t}$	$\boldsymbol{\varphi}_{dm}^{t}$	$\boldsymbol{\varphi}_{em}^{t}$	$\boldsymbol{\varphi}_{fm}^{t}$	$\boldsymbol{\varphi}_{gk}^{t}$	$\boldsymbol{\varphi}_{hk}^{t}$	$\boldsymbol{\varphi}_{il}^{t}$	$\boldsymbol{\varphi}_{jl}^{t}$
H_0	4/10	2/10	0/10	2/10	6/10	9/10	6/10	10/10	0/10	10/10
H_1	6/10	8/10	10/10	8/10	4/10	1/10	4/10	0/10	10/10	0/10

5.4.4.4　损伤工况 3 识别结果

损伤工况 3 为传感器 f 位置次梁和主梁的连接松动。选择损伤位置传感器组合 (f,m),靠近损伤位置传感器组合 (j,l) 以及远离损伤位置传感器组合 (a,k) 为研究对象。分别对原始数据矩阵 $\boldsymbol{\varphi}_{fm}^{t}$、$\boldsymbol{\varphi}_{jl}^{t}$ 以及 $\boldsymbol{\varphi}_{ak}^{t}$ ($t = 1,2,\cdots,10$) 进行主成分分析,这三组原始数据矩阵的前两阶主成分的 95% 置信度的椭圆控制图如图 5.20~图 5.22 所示。

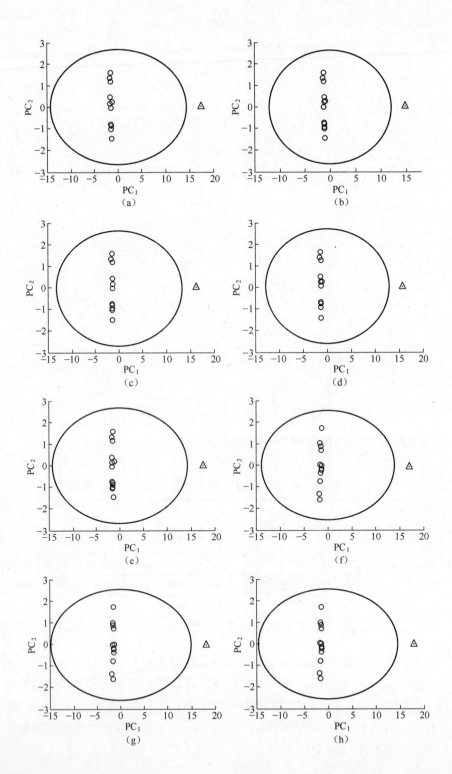

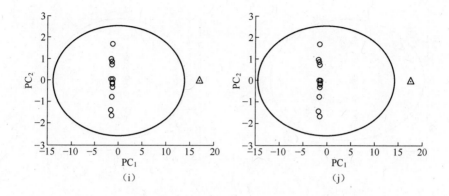

（i）　　　　　　　　　　　　（j）

图 5.20　φ_{fm}^{t} 前两阶主元椭圆控制图（95%置信度）

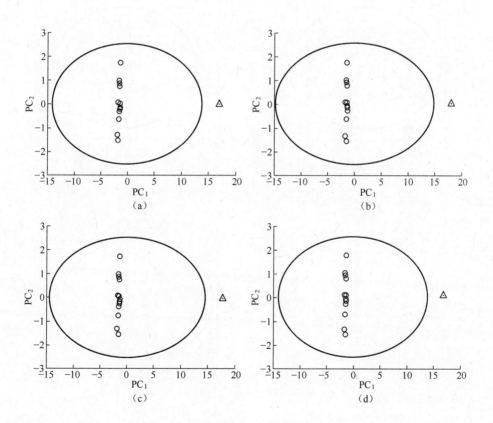

（a）　　　　　　　　　　　　（b）

（c）　　　　　　　　　　　　（d）

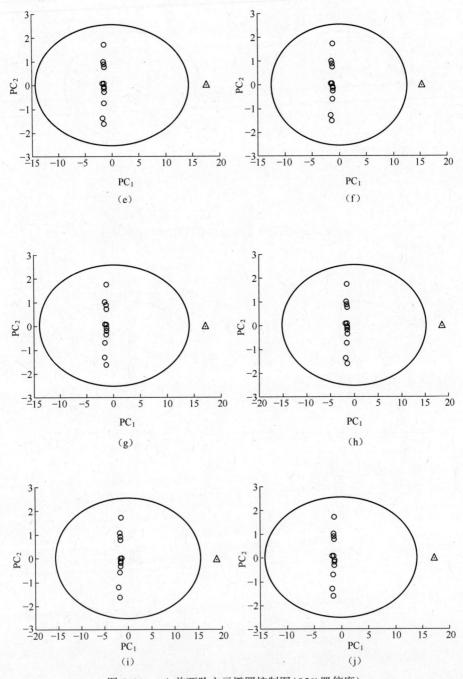

图 5.21　φ_{jl}^{t} 前两阶主元椭圆控制图（95%置信度）

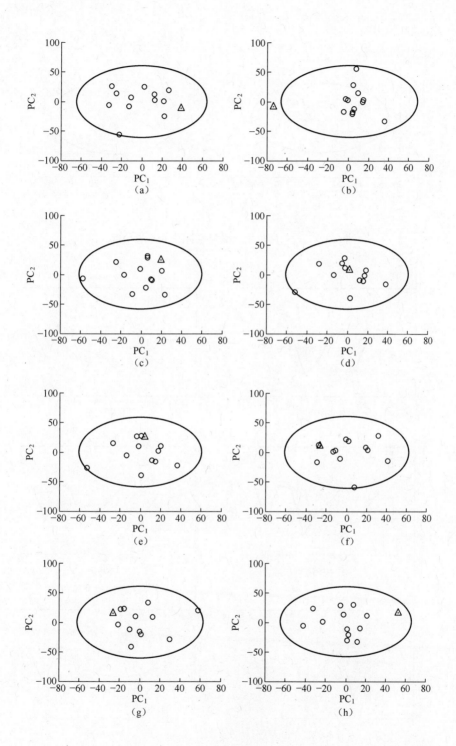

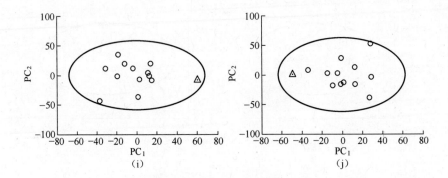

图 5.22 $\boldsymbol{\varphi}_{ak}^t$ 前两阶主元椭圆控制图(95%置信度)

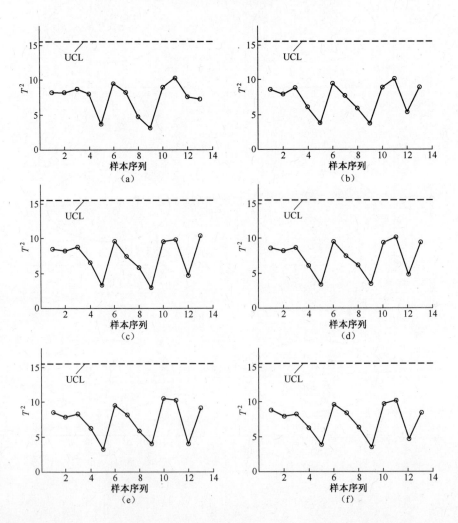

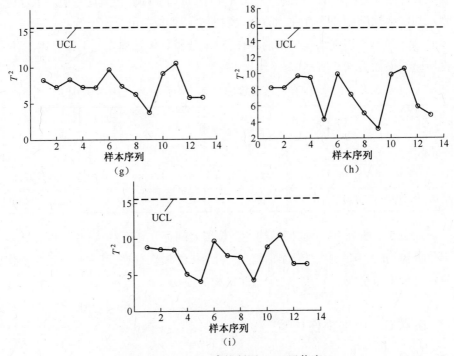

图 5.23　$\boldsymbol{\varphi}_{ak}^{t}$ 的 T^2 控制图(95%置信度)

如图 5.20~图 5.22 可知,由损伤位置以及附近位置都能识别结构损伤,在远离损伤位置的传感器组合则不能感知结构损伤信息。其结果和对损伤工况 2 的识别结果一致,同理,对 $\boldsymbol{\varphi}_{ak}^{t}$ 椭圆控制图中没出现奇异点的控制椭圆,构建相对应的 T^2 控制图以对损伤结果进行确认。确认结果如图 5.23 所示。

如图 5.23 所示,其相对应的 T^2 控制图也未出现奇异点,证明 $\boldsymbol{\varphi}_{ak}^{t}$ 中,待检样本和参考总体是一致的,由传感器对 (a,k) 不能识别结构损伤的存在。用假设检验对所有传感器组合的分析结果进行说明,结果如表 5.8 所列。

表 5.8　损伤工况 3 假设检验结果(显著性水平 $\alpha = 0.05$)

原始数据矩阵	φ_{ak}^{t}	φ_{bk}^{t}	φ_{cm}^{t}	φ_{dm}^{t}	φ_{em}^{t}	φ_{fm}^{t}	φ_{gk}^{t}	φ_{hk}^{t}	φ_{il}^{t}	φ_{jl}^{t}
$\boldsymbol{H}_0$	9/10	0/10	0/10	10/10	3/10	0/10	0/10	9/10	10/10	0/10
$\boldsymbol{H}_1$	1/10	10/10	10/10	0/10	7/10	10/10	10/10	1/10	0/10	10/10

5.4.4.5　损伤工况 4 识别结果

损伤工况 4 为传感器 d 位置次梁和主梁的连接松动以及传感器 j 位置主

127

梁下翼缘断裂,实验结果和损伤工况3、4相似,即在损伤位置附近测点或相连测点都能感知结构损伤存在,而在远离损伤位置点或和损伤位置相关程度不大的测点则不能识别结构损伤的存在,对于分析具体过程在此不作详述,其假设检验结果如表5.9所列。

表5.9 损伤工况4假设检验结果(显著性水平 $\alpha = 0.05$)

原始数据矩阵	φ_{ak}^t	φ_{bk}^t	φ_{cm}^t	φ_{dm}^t	φ_{em}^t	φ_{fm}^t	φ_{gk}^t	φ_{hk}^t	φ_{il}^t	φ_{jl}^t
H_0	10/10	0/10	0/10	1/10	2/10	0/10	0/10	9/10	0/10	0/10
H_1	0/10	10/10	10/10	9/10	8/10	10/10	10/10	1/10	10/10	10/10

如表5.7所列,由于框架结构各个位置之间存在相互约束,在结构存在多个位置损伤时,其大多数传感器都能识别结构的损伤存在,其中只有远离损伤位置的传感器对(a,k),(h,k)未感知结构的损伤。

5.4.5 识别损伤位置

由于结构的振动参数是反映结构整体的量,直接利用其对结构损伤进行定位存在许多困难,目前,也出现了许多基于振动测量的损伤定位方法,但大多是针对剪切型结构或只是仿真模拟,基于框架结构的损伤定位研究报道很少。

由5.4.4.3节以及5.4.4.4节可知,当结构存在单个位置损伤时,大多数传感器都能识别结构的损伤存在,对比图5.16和图5.17,由损伤位置所得φ_{il}^t,其椭圆控制图中的奇异点比由φ_{bk}^t构造的椭圆控制图中奇异点更加明显,换种说法,即振动传递率不但能反映结构整体的损伤状况,也是结构两点损伤状况的反映,在结构损伤点附近,其振动传递率的变化明显会大于其他区域。基于此可识别结构损伤的位置。

同样,引入文献[164]中的方法,根据式(5.13)计算振动传递率总体变化量的相比比值TAC,以此来识别结构的损伤位置。为了降低随机噪声对计算结果的影响,求振动传递率时通常用多次测量取平均的方法,使计算的振动传递率幅值谱图更加光滑。

根据式(5.13),由各传感器对测量数据分别计算TAC,计算结果如表5.8所列。

如表 5.10 所示,在损伤工况 2 时,损伤存在于传感器 i 的位置,此时 TAC_{il} 最大;在损伤工况 3 时,损伤存在于传感器 f 的位置,此时 TAC_{fm} 明显大于其他 TAC;而在损伤工况 4 时,损伤存在于传感器 d 和 j 位置,而此时其所对应的 TAC 相对于其他位置并不明显偏大,通过 TAC 的值无法判断结构损伤位置。则可以得出:对于单一位置的损伤,TAC 对损伤位置有较好的灵敏度,但由于框架结构不同于剪切型结构,框架结构各位置之间的相互约束多于剪切型结构,当结构存在多位置损伤时,传感器响应有较大变化的不单单在损伤位置,所以造成 TAC 指标在本章所述框架结构中不能准确识别结构的多位置损伤。

表 5.10　各位置振动传递率的 TAC

TAC	TAC_{ak}	TAC_{bk}	TAC_{cm}	TAC_{dm}	TAC_{em}	TAC_{fm}	TAC_{gk}	TAC_{hk}	TAC_{il}	TAC_{jl}
损伤工况 2	0.284	0.278	0.311	0.264	0.286	0.225	0.158	0.229	0.340	0.247
损伤工况 3	0.311	0.245	0.308	0.225	0.275	0.396	0.207	0.295	0.215	0.282
损伤工况 4	0.267	0.322	0.312	0.306	0.288	0.263	0.221	0.310	0.302	0.315

5.5　本章小结

本章研究了基于振动传递率和主成分分析相结合的损伤识别方法,由结构无损伤时结构某两个位置的振动传递率构成结构的参考总体,以结构未知状态时相同位置的振动传递率为待检样本,把待检样本逐个加入到参考总体中构成多个原始数据矩阵,对原始数据矩阵进行主成分分析并构造相应的控制椭圆和 T^2 控制图,以前两阶主成分散点图在控制椭圆和 T^2 控制图中的分布来确定结构是否存在损伤。最后用钢框架结构实验验证本章方法的有效性,并引入振动传递率累积变化量来识别结构损伤位置,损伤识别结果显示,此损伤指标对钢框架结构单一位置损伤有较好的敏感性,但由于框架结构的复杂性,振动传递率累积变化量并不能准确识别结构的多位置损伤。

第6章
结论及展望

近年来,土木工程结构正在向大型化和复杂化发展,作为土木工程结构安全运营保障的结构健康监测系统也随之在实际工程中不断得到应用。但根据相关文献资料显示,目前结构健康监测系统的应用与其所应该发挥的作用还有一定的差距,其主要原因是作为结构健康监测核心问题的损伤识别技术还未能从根本上得到解决,因此,进一步研究更加适应土木工程结构的损伤识别方法仍然具有重大的理论意义和实用价值。鉴于结构动态响应时域观测数据获得方便、包含结构信息丰富、易于实现在线监测等优点,本书以钢框架结构为研究对象,重点研究了基于结构动力响应时域观测数据的损伤识别方法,主要包括基于小波分析的损伤识别方法、基于 AR 模型参数的损伤识别方法、基于振动传递率的损伤识别方法等。虽然这些方法早有学者进行了研究,但把这些方法应用于实际工程中还存在许多问题,如结构动力响应受环境温度的影响较大、马氏距离判别函数稳定性不好等。本书针对这些方法的不足,探索性地在这些传统的方法中加入多元统计理论,对这些方法进行了改进,取得了较好效果。本书研究的主要结论如下:

(1)基于小波分析的损伤识别方法能够较好地识别结构存在的损伤,对结构虚拟脉冲响应函数进行小波包分解可以增强损伤识别方法对激励荷载的鲁棒性。利用改进后的小波分析损伤识别方法可以很好地识别本书钢框架结构模型的两种损伤模式。

(2)多元统计理论中的主成分分析法以及因子分析法和小波分析相结合的损伤识别新方法,能够适应结构动态响应观测数据对环境温度的敏感性。基于主成分分析和小波包节点系数能量谱的损伤识别方法,是对观测数据进行主成分分析,认为环境温度影响观测数据变化的前几阶主成分,则可通过去除这几阶主成分,利用观测数据的主成分残差进行小波分析来减小环境温度对损伤识别结果的影响。基于因子分析和小波包能量谱的损伤识别方法,是对损伤指标进行因子分析,认为环境温度是影响损伤指标变化的主要因子,去掉这些主要因子,其残差变化即能反映结构损伤的具体信息。两种方法思路有相似之处,但计算方法不一样,通过两个钢框架结构数值算例对这两种方法分别进行了验证,结果显示两种方法都能有效地降低环境温度对损伤识别结果的影响。

(3) 提出了基于 AR 模型参数和主成分分析相结合的损伤识别方法。该方法利用 AR 模型系数对结构固有参数变化的敏感性,结合主成分分析对数据的降维作用,有效地识别了钢框架结构的两种损伤模式。马氏距离作为数据分类判别的常用方法具有很多优点,但在变量维数较多时往往会有计算稳定性不好的缺点,而该方法通过对椭圆控制图中奇异点的统计来识别结构是否存在损伤,对结构状态的判别不但具有简单直观的效果,且具有较强的稳定性。

(4) 针对大型结构激励荷载测量困难的特点,提出了基于结构振动传递率的损伤识别方法。该方法相对于基于结构频响函数的损伤识别方法的优势是完全摆脱了对于结构激励荷载的依赖性,从这一点上更加符合实际土木工程结构的损伤识别要求。首先,通过悬臂梁数值模拟实验验证了结构振动传递率具有可重复性、局部损伤敏感性的特点,可利用其进行损伤定位。其次,通过主成分分析对振动传递率进行降维,可有效地降低振动传递率的高维特性所带来的分析困难。主成分分析结果显示,其前 10 阶主成分则包含了原始数据的绝大部分信息,则利用其前两阶主成分建立椭圆控制图和余下的 8 个主成分建立 T^2 控制图,通过观测控制图中奇异点的个数来判别结构状态(T^2 控制图对椭圆控制图起补充说明作用),并用此方法成功地识别了钢框架结构的三种模式的损伤。最后,通过引入振动传递率总体变化量相对比值这一结构损伤敏感特征指标,成功地识别了结构的单一位置损伤;但由于钢框架结构比剪切型结构复杂,各位置之间都存在着相互约束,通过该指标不能识别结构多位置的损伤。

虽然本书的研究能够对基于结构动态响应时域观测数据的损伤识别方法有一定的补充和完善,但要真正解决实际问题还有待进一步努力。需要继续开展的研究如下:

(1) 发掘新的结构损伤敏感特征指标。为满足对结构状态进行实时监测的目的,该指标必须对结构小损伤敏感、是结构位置的单调函数,且计算方法简单。

(2) 对书中降低环境温度对损伤识别结构的干扰进行实验验证,并针对环境温度对结构动态响应的非线性干扰问题,尝试使用核心主成分分析来进行解决。

(3)损伤敏感特征指标统计模型的确定。基于统计理论的损伤识别方法具有巨大的发展潜力,运用此方法的前提是对结构损伤敏感特征指标建立一个合适的统计模型,而目前绝大多数方法是基于这些指标服从正态分布的假设进行的研究,但在样本数量较小的情况下,该假设往往和实际不相符合,则通过此种假设来判别结构状态常常会出现误判,所以正确地判断结构损伤敏感特征指标的分布函数具有重要的实际意义。

(4)研究结构多位置损伤定位的方法。土木工程结构庞大,一旦出现损伤,往往为多位置损伤,且各位置之间存在或多或少的相互约束,所得信息互相干扰,如何通过损伤识别方法来分辨所获多位置损伤信息从而定位对应的损伤位置具有重要的实用意义。

(5)在实际工程中使用本书方法进行损伤识别。由于数值模拟、实验室实验与实际工程存在很大的差异,不管是材料的选取、结构的实际运营环境等,实际工程结构都要复杂得多。众多文献表明,数值模拟以及实验室实验能够取得好的效果的损伤识别方法,在实际工程应用中未必能够适用,甚至根本无法使用。因此,为了验证本书方法的实用性,有必要应用本书方法对实际工程结构中存在的损伤进行识别,以对本书方法进行最有效的验证,为后续研究工作的开展指明方向。

参考文献

[1] 欧进萍.重大工程结构的智能监测与健康诊断(第十一届结构工程会议特邀报告)[J].工程力学(增刊),2002:44-53.

[2] 孙鸿敏,李宏男.土木工程结构健康监测研究进展[J].防灾减灾工程学报.2003,23(3):92-98.

[3] 张启伟.大型桥梁监测概念与监测系统设计[J].同济大学学报,2001,29(1):65-59.

[4] Housner G W,Bergman L A,Caughey T K,et al.Structural Control: Past,Resent,and Future [J].Journal of Engineering Mechanics,1997,123(9):897-971.

[5] 焦莉.基于数据融合的结构损伤识别[D].大连:大连理工大学,2006.

[6] 李惠,欧进萍.斜拉桥结构健康监测系统的设计与实现(I):系统设计[J].土木工程学报,2006,39(4):39-44.

[7] Zong Z H,Wang T L,Huang D Z,et al.State-of-The-Art Report of Bridge Health Monitoring [J].Journal of Fuzhou University (Natural Science),2002,30(2):127-152.

[8] 秦权.桥梁结构的健康监测[J].中国公路学报,2000,13(2):37-42.

[9] 陈长征,罗跃纲,白秉三,等.结构损伤检测与智能诊断[M].北京:科学出版社,2001.

[10] 杨彦芳.基于频响函数的网架结构损伤诊断方法研究[D].大连:大连理工大学,2007.

[11] 冯新.土木工程中结构识别方法的研究[D].大连:大连理工大学,2002.

[12] Minh P L.Fatigue Limit Evaluation of Metals Using An Infrared Thermographic Technique [J].Mechanics of Materials,1998,28:155-163.

[13] Rytter A.Vibration Based Inspection of Civil Engineering Strctures[D].Denmark: Department of Building Technology and Structural Engineering,Aalborg University, 1993.

[14] Wang X,Hu N,Fukunaga H,et al.Structural Damage Identification Using Static Test Data and Changes in Frequencies[J].Engineering Structures,2001,23(6):610-621.

[15] 吴金志.基于动力检测的网格结构损伤识别研究[D].北京:北京工业大学,2005.

[16] Doebling S W.A Summary Review of Vibration Based Damage Identification Methods [J].The Shock and Vibration Digest,1998,30(2):92-105.

[17] 郭健.基于小波分析的结构损伤识别方法研究[D].杭州:浙江大学,2004.

133

［18］杨秋伟.基于振动的结构损伤识别方法研究进展［J］.振动与冲击,2007,26(10)：86-93.

［19］冉志红,李乔.小波变换在结构损伤识别特征提取中的应用［J］.振动与冲击,2007,26(7)：118-121.

［20］Cawley P.A Vibration Technique For Nondestructive Testing of Fiber Composite Structures［J］.Journal Atrain Analysis,1979,14(2)：62-71.

［21］Cawley P,Adams R D.The Location of Defects in Structures from Measurements of the Natural Frequencies［J］.Journal of Strain Analysis,1979,14(2)：49-57.

［22］Hearn G,Testa R B.Modal Analysis for Damage Detection in Structures［J］.Journal of structural Engineering,1991,117(10)：3042-3061.

［23］Salawu O S.Detection of Structural Damage Through Changes in Frequency：A View［J］.Engineering Structures,1997,19(9)：718-723.

［24］Stubbs N,Osegueda R. Global Non－destructive Damage Evaluation in Solid ［J］.International Journal of Analytical and Experimental Modal Analysis,1990,5(2)：67-69.

［25］Choy F K,Liang R,Fault P X.Identifyication of Beams on Elastic Foundation ［J］.Computers and Geotechnics,1995,17(2)：151-176.

［26］Alamphalli S,Fu G,Aziz I A.Modal Analysis as a Bridge Inspection Tool ［C］.Proceedings of The 10th International Modal Analysis Conference, San Diego, California, 1992, 1359-1366.

［27］Yan A M,Kerschen G,Boe P D,et al.Structural Damage Diagnosis Under Varying Environmental Conditions-Part I：A Linear Analysis ［J］. Mechanical Systems and Signal Processing,2005,19：847-864.

［28］Yan A M,Kerschen G,Boe P D,et al.Structural Damage Diagnosis Under Varying Environmental Conditions-Part II：Local PCA For Non-linear Cases［J］.Mechanical Systems and Signal Processing,2005,19：847-864.

［29］West W M.Illustration of the Use of Modal Assurance Criterion to Detect Structural Changes in an Orbiter Test Specimen［C］.Proceedings of Air Force Conference on Aircraft Structral Integrity,1984：1-6.

［30］Yuen M M F.A Numerical Study of the Eigenparameters of a Damaged Cantilever ［J］.Journal of Sound and Vibration,1985,103：301-310.

［31］Rizos P F, Aspragathos N, Dimarogonas A D. Identification of Crack Location and Magnitude in a Cantilever Beam from the Vibration Modes［J］.Journal of Sound and Vibration,1990,138(3)：381-388.

［32］West W M.Illustration of the Use of Modal Assurance Criterion to Detect Structural Changes in an Orbiter Test Specimen［C］.Proceedings of the 4th International Modal Analysis Conference,1989,1(1)：1-6.

[33] Lieven N A J,Ewins D J.Spatial Correlation of Mode Shapes,the Coordinate Modal Assurance Criterion (COMAC)[C].Proceeding of 6th International Modal Analysis Conference, 1988:280-286.

[34] Ko J M,Wang C W,and Lam H F.Damage Detection in Ateel Framed Structures by Vibration Measurement Approach[C].Proceedings of the 12th International Modal Analysis Conference,1994:280-286.

[35] Pandey M B,Samman M.Damage Detection from Changes in Curvature Mode Shapes [J]. Journal of Sound and Vibration,1991,145(2):321-332.

[36] Wahab M A,Roeck G D.Damage in Bridge Using Modal Curvatures:Application to a Real Damage Scenario[J].Journal of Sound and Vibration,1999,226(2):217-235.

[37] Lu Q,Ren G,Zhao Y.Multiple Damage Location with Flexibility Curvature and Relative Frequency Change for Beam Structures[J].Journal of Sound and Vibration,2002,253(2): 1101-1114.

[38] 孙增寿,韩建刚,任伟新.基于曲率模态和小波变换的简支桥梁损伤识别方法[J].郑州大学学报(工学版),2005,26(3):24-28.

[39] 孙增寿,韩建刚,任伟新.基于曲率模态和小波变换的结构损伤识别方法[J].振动、测试与诊断,2005,25(4):263-268.

[40] 陈立.基于柔度曲率矩阵的结构损伤识别研究[D].大连:大连理工大学,2008.

[41] Pandey A K,Biswas M.Damage Detection in Structures Using Changes in Flexibility [J]. Journal of Sound and Vibration,1994,169(1):3-17.

[42] Raghavendrachar,Aktan A E.Flexibility by Multireference Imapact Testing for Bridge Diagnostics[J].Journal of Structural Engineering,1992,118(8):2186-2203.

[43] Aktan A E,Lee K L,Chuntavan C et al.Modal Testing for Structural Identification and Condition Assessment of Constructed Facilities[J].Proceedings of the 12th International Modal Analysis Conference,1994:462-468.

[44] Lu Q,Ren G,Zhao Y.Multiple Damage Location with Flexibility Curvature and Relative Frequency Change for Beam Structures[J].Journal of Sound and Vibration,2002,253: 1101-1114.

[45] 张谢东,张志国,詹昊.基于曲率模态和柔度曲率的结构多损伤识别方法[J].武汉理工大学学报,2005,27(8):35-38.

[46] 王树青,王长青,李华军.基于模态应变能的海洋平台损伤定位实验研究[J].振动、测试与诊断,2006,26(4):282-288.

[47] Stubbs N,Kim J T,Farrar C R.Field Verification of a Nondestructive Damage Location and Severity Estimation Algorithm [C].Proceedings of the 13th International Modal Analusis Conference Nashville,TN:Society of Experimental Mechanics,Inc,1995:210-218.

[48] Law S S,Shi Z Y,Zhang L M.Structural Damage Detection from Incomplete and Noisy Mo-

135

dal Test Data[J].Journal of Engineering Mechanics,1998,124(11):1280-1288.

[49] Shi Z Y,Law S S,Zhang L M.Structural Damage Detection from Modal Strain Energy Changes[J].Journal of Engineering Mechanics,2000,126(12):1216-1223.

[50] Sazonov E,Klinkhachorn P,Halabe U B,et al.Non-baseline Detection of Small Damages from Change in Strain Energy Mode Shapes[J].Nondestructive Testing and Evaluation,2002,18(3,4):91-107.

[51] Hu S L,Wang S Q,Li H J.Cross-modal Strain Energy Method for Estimating Damage Severity[J].Journal of Enginnering Mechanics,2006,132(4):429-437.

[52] Li H J,Yang H Z,Hu S L.Modal Strain Energy Decomposition Method for Damage Localization in 3D Frame Structures[J].Journal of Engineering Mechanics,2006,132(9):941-951.

[53] 申彦利,杨庆山,田玉基.模态应变能方法的精确性和适用性研究[J].工程力学,2008,25(6):18-21.

[54] Cole H A.On Line Failure Detection and Damping Measurement of Aerospace Structure of Random Decrement Signature[J].AIAA,1968,68:288-319.

[55] Akaile H.Power Spectrum Estimation Through Autogressive Model Fitting[J].Annals of the Institute of Statistical Mathematics,1969,21:243-247.

[56] Farrar C R,James G H.System Identification from Ambient Vibration Measurements on a Bridge[J].Journal of Sound and Vibration,1997,205(1):1-8.

[57] James G H,Carne T G,Lauffer J P.The Natural Excitation Technique (NEXT) for Modal Parameter Extraction from Operating Strctures[J].International Journal of Analytical and Experimental Modal Analysis,1995,10(4):260-277.

[58] 徐良,江见鲸,过静珺.随机子空间识别在悬索桥实验模态分析中的应用[J].工程力学,2002,19(4):46-49.

[59] 李宏男,高东伟,伊廷华.土木工程结构健康监测系统的研究状况与进展[J].力学进展,2008,38(2):151-167.

[60] 郑栋梁,李中付,华宏星.结构早期损伤识别技术的现状和发展趋势[J].振动与冲击,2002,20(1):1-7.

[61] 张立涛,李兆霞,费国庆.基于加速度时域信息的结构损伤识别方法研究[J].振动与冲击,2007,26(9):138-141.

[62] Gul M,Catbas F N.Statistical Pattern Recognition for Structural Health Monitoring Using Time Series Modeling:Theory and Experimental Verifications[J].Mechanical Systems and Signal Processing,2009,23:2192-2204.

[63] Iwasaki A,Todoroki A,Shimamura Y,et al.An Unsupervised Statistical Damage Detection Method for Structural Health Monitoring (Applied to Detection of Delamination of a Composite Beam)[J].Smart Materials and Structures,2004,13:80-85.

[64] Steven G M, Sudhakar M. Pandit. Statistical Moments of Autoregressive Model Residuals for Damage Localization[J]. Mechanical Systems and Signal Processing, 2006,20:627-645.

[65] Zhang J, Xu Y L, Xia Y, et al. A New Statistical Moment-based Structural Damage Detection Method [J]. Strcutural Engineering and Mechanicas,2008,30(4):445-466.

[66] Nair K K, Kiremidjian A S, Law K H. Time Series-based Damage Detection and Localization Algorithm with Application to the ASCE Benchmark Structure[J]. Journal of Sound and Vibration,2006,291(1,2):349-368.

[67] Zheng H, Mita A. Two-stage Damage Diagnosis Based on the Distance Between ARMA Models and Pre-whitening Filters [J]. Smart Materials and Structures, 2007, 16: 1829-1836.

[68] Barai S V, Pandey P C. Vibration Signature Analysis Using Artificial Neural Networks [J]. Journal of Computing in Civil Engineering, ASCE,1995,9(4):259-265.

[69] 陈素文,李国强.人工神经网络在结构损伤识别中的应用[J].振动、测试与诊断, 2001,21(2):141-150.

[70] Venkatasubramanian V, Chan K. A Neural Network Methodology for Process Fault Diagnosis [J]. AICHE Journal,1989,35(12):1993-2002.

[71] Wu X, Ghabousisi J, Garret J H. Use of Neural Networks in Prediction of Structural Damage [J]. Computers & Structures,1992,42(4):649-659.

[72] Elkordy M F, Chang K C, Lee G C. Neural Networks Trained by Analytical Simulated Damage States[J]. Journal of Computing in Civil Engineering,1993,7(2):130-145.

[73] Chen H M, Qi G Z, Yang J C S, et al. Neural Network for Structural Dynamic Model Identification[J]. Journal of Enginnering Mechanics,1995,121(12):1377-1381.

[74] 王柏生,丁浩江,倪一清,等.模型参数误差对用神经网络进行结构损伤识别的影响 [J]. 土木工程学报,2000,33(1):50-55.

[75] 王柏生,倪一清,高赞明.用概率性神经网络进行结构损伤位置识别[J].振动工程学 报,2001,14(1):60-64.

[76] 姜绍飞,刘明,倪一清,等.大跨悬索桥损伤定位的自适应概率神经网络研究[J].土木 工程学报,2003,36(8):74-78.

[77] Sohn H, Worden K, Farrar C R. Novelty Detection under Changing Environmental Conditions[J]. Proceedings of SPIE,2001,4330:108-118.

[78] 胡利平,韩大建.考虑环境因素影响的动态法桥梁损伤识别[J].华南理工大学学报, 2007,35(3):117-121.

[79] 王柏生,刘承斌,何国波.用统计神经网络进行结构损伤存在检测[J].土木工程学报, 2004,37(8):24-28.

[80] Vapnik V N. Statistical Learning Theory[M]. New York:Wiley,1998.

[81] 冉至红,李乔.基于模糊聚类和支持向量机的损伤识别方法[J].振动工程学报,2007,

20(6):618-712.

[82] 三田彰.结构健康监测动力学[M].薛松涛,陈镕,译.西安:西安交通大学出版社,2004.

[83] 何浩祥,闫维明,周锡元.小波支持向量机载结构损伤识别中的应用研究[J].振动、测试与诊断,2007,27(1):53-58.

[84] 刘龙等.基于支持向量机的结构损伤分步识别研究[J].应用力学学报,2007,24(12):313-328.

[85] Oh C K,Sohn H.Damage Diagnosis under Environmental and Operational Variations Using Unsupervised Support Vector Machine[J].Journal of Sound and Vibration,2009,325:223-229.

[86] Huang N E,Shen Z,Long S R,et al.The Empirical Mode Decomposition and Hilbert Spectrum for Nonlinear and Non-stationary Time Series Analysis[C].Proceedings of Royal Society of London,1998,A454:903-995.

[87] Vincent H T,Hu S L J,Hou Z.Damage Detection Using Empirical Mode Decomposition Method and a Comparison with Wavelet Analysis[C].Proceedings of the 2nd International Workshop on Structural Health Monitoring,2000:891-900.

[88] Yang J N,Lei Y,Lin S,et al.Hilbert-Huang Based Approach for Structural Damage Detection[J].Journal of Engineering Mechanics,2004,130(1):85-95.

[89] 丁麒,孟光,李鸿光.基于 Hilbert-Huang 变换的梁结构损伤识别方法研究[J].振动与冲击,2009,28(9):180-184.

[90] 刘义艳,巨永锋,段晨东.基于 HHT 的单自由度结构渐进损伤识别方法[J].振动、测试与诊断,2010,30(1):59-65.

[91] 袁慎芳.结构健康监控[M].北京:国防工业出版社,2007.

[92] Mares C,Surace C.An Application of Genetic Algorithms to Identify Damage in Elastic Structures[J].Journal of Sound and Vibration,1996,195(2):195-215.

[93] Friswell M I,Penny J E T,Garvey S D.A Combined Genetic and Eigensensitivity Algorithm of the Location of Damage in Structures[J].Computers and Structures,1998,69(5):547-556.

[94] 李戈,秦权,董聪.用遗传算法选择悬索桥监测系统传感器的最优布点[J].工程力学,2000,17(1):25-34.

[95] Koh C G.Disributive GA for Large System Identification Problems[C].NDE for Health Monitoring and Diagnostics,San Diego,2002:4702-4752.

[96] 袁颖,林皋,柳春光.遗传算法在结构损伤识别中的应用研究[J].防灾减灾工程学报,2005,25(4):369-374.

[97] Kim H,Melhem H.Damage Detection of Structures by Wavelet Analysis[J].Engineering Structures,2004,26(3):347-362.

[98] 冯新,李国强,周晶.土木工程结构健康诊断中的统计识别方法综述[J].地震工程和工程振动,2005,25(2):105-113.

[99] Garcia G,Stubbs N.Application and Evaluation of Classification Algorithms to a Finite Element Model of a Three-Dimensional Truss Structure for Nodestructive Damage Detection[R].Smart Systems for Bridges,Structures,and Highways, Proceedings of SPIE,1997,3(43):205-216.

[100] Dobeling S W,Farrar C R.Statistical Damage Identification Techniques Applied to the I-40 Bridge Over the Rio Grande River[R].Proceedings of the 16th International Modal Analysis Conference,Santa Barbara,CA,1998,3243:1717-1724.

[101] Worden K,Manson G,Fieller N R J.Damage Detection Using Outlier Analysis [J].Jounal of Sound and Vibration,2000,229(3):647-667.

[102] Sohn H,Czarnecki J A,Farrar C R.Structural Health Monitoring Using Statistical Process Control[J].Journal of structural Engineering,2000,126(11):1356-1363.

[103] Fugate M L,Sohn H,Farrar C R.Vibration-based Damage Detection Using Statistical Process Control [J].Mechanical Systems and Signal Processing,2001,15(4):7-721.

[104] Kullaa J.Damage Detection of the Z24 Bridge Using Control charts [J].Mechanical Systems and Signal Processing,2003,17(1):163-170.

[105] 张启伟.桥梁健康监测中的损伤特征提取与异常诊断[J].同济大学学报,2003,31(3):258-262.

[106] Sohn H,Allen D W,Worden K,et al.Structural Damage Classification Using Extreme Value Statistics[J].Journal of Dynamic Systems,Measurement,and Control,2005, 127:125-132.

[107] Mujica L E,Vehi J,Ruiz M,et al.Multivariate Statistics Process Control for Dimensionality Reduction in Structural Assessment[J].Mechanical Systems and Signal Processing,2008, 22:155-171.

[108] 黄斌,史文海.基于统计模型的结构损伤识别[J].工程力学,2006,23(12):47-53.

[109] 杨彦芳,宋玉普.基于主元分析和频响函数的网架结构损伤识别方法[J].工程力学,2007,24(9):105-110.

[110] Wang W J.Application of Orthogonal Wavelets to Early Gear Damage Detection [J].Mechanical Systems and Signal Processing,1995,9(5):497-507.

[111] Wang W J,Mcfadden P D.Application of Wavelet to Gearbox Vibration Signals for Fault Detection[J].Journal of Sound and Vibration,1996,192(5):927-939.

[112] 夏勇,商斌梁,张振仁,等.神经网络在内燃机故障诊断中的应用研究[J].机械科学与技术(增刊),2000,19:108-110.

[113] Hou Z K,Noori M.Application of Wavelet Analysis for Structural Health Monitoring[J].Proceedings of 2nd International Workshop on Structural Health Monitoring,Stanford of

University, Stanford, CA, 1999:946-955.

[114] Yan Y J, Yam L H. Online Detection of Crack Damage in Composite Plates Using Embedded Piezoelectric Actuators/Sensors and Wavelet Analysis[J]. Composite Structures, 2002, 58:29-38.

[115] Yam L H, Yan Y J, Jiang J S. Vibration-based Damage Detection for Composite Strctures Using Wavelet Transform and Neural Network Identification[J]. Composite Structures, 2003, 60:403-412.

[116] Chang C C, Chen L W. Damage Detection of a Rectangular Plate by Spatial Wavelet Based Approach[J]. Applied Acoustics, 2004, 65:819-832.

[117] 郭健,陈勇,孙炳楠.桥梁健康监测中损伤特征提取的小波包方法[J].浙江大学学报(工学版),2006,40(10):1767-1772.

[118] 丁幼亮,李爱群,缪长青.基于小波包能量谱的结构损伤预警方法研究[J].工程力学,2006,23(8):42-48.

[119] 彭玉华.小波变换的工程分析与应用[M].北京:科学出版社,2001.

[120] 郭健.基于小波分析的结构损伤识别方法研究[D].杭州:浙江大学,2004.

[121] 葛哲学,沙威.小波分析理论与 MATLAB R2007 实现[M].北京:电子工业出版社,2007.

[122] 胡昌华,李国华,刘涛,等.基于 MATLAB 6. X 的系统分析与设计小波分析[M].西安:西安电子科技大学出版社,2004.

[123] Coifman R R, Meyer Y, Wickerhauser M V. Wavelet Analysis and Signal Processing[J]. Wavelets and Their Application, 1992:153-178.

[124] 李爱群,丁幼亮.工程结构损伤预警理论及其应用[M].北京:科学出版社,2007.

[125] 曹茂森.基于动力指纹小波分析的结构损伤特征提取与辨识基本问题研究[D].南京:河海大学,2005.

[126] Peeters B, Roeck G D. One-year Monitoring of the Z24-Bridge: Environment Effects Versus Damage Events[J]. Earthquake Engineering and Structural Dynamics, 2001, 30(2):149-171.

[127] 丁幼亮,李爱群,孙君,等.润扬大桥悬索桥小波包能量谱与温度的季节相关性研究[J].中国科学 E 辑:技术科学,2009,39(4):778-786.

[128] 李爱群,丁幼亮,邓扬,等.苏通大桥结构健康状态评估技术研究与应用(2):主梁损伤预警[J].防灾减灾工程学报,2010,30(3):330-335.

[129] Kullaa J. Elimination of Environmental Influences from Damage-sensitive Features in a Structural Health Monitoring System[C]. In: Fu-kuo Chang(Ed), Structural Health monitoring-the Demands and Challenges, CRC Press, Boca Raton, FL, 2001:742-749.

[130] Deraemaeker A, Reynders E, Roeck G D, et al. Vibration-based Structural Health Monitoring Using Output-only Measurements under Changing Environment[J]. Mechanical Sys-

tems and Signal Processing,2008,22:34-56.

[131] Sohn H, Worden K, Farrar C F. Novelty Detection under Changing Environmental Conditions[C].SPIE's Eighth Annual International Symposium on Smart Structures and Materials,Newport Beach,CA.2001.

[132] 胡利平,韩大建.考虑环境因素影响的动态法桥梁损伤识别[J].华南理工大学学报（自然科学版）,2007,35(3):117-121.

[133] 李卫东.应用多元统计分析[M].北京,北京大学出版社,2008:196-198.

[134] Richard·A J,Dean W W.实用多元统计方法[M].陆璇,叶俊,译.北京:清华大学出版社,2008.

[135] 张连振,黄侨,郑一峰,等.桥梁结构损伤识别理论的研究进展[J].哈尔滨工业大学学报,2005,37(10):1415-1419.

[136] Doebling S W.A Summary Review of Vibration Based on Damage Identification Methods [J].The Shock and Vibration Digest,1998,30(2):92-105.

[137] 王术新,姜哲.基于结构振动损伤识别技术的研究现状及进展[J].振动与冲击,2004,23(4):99-104.

[138] Doebling S W,Farrar C R,Prime M B.A Summary Review of Vibration-based Damage Identification method[J].The Shock and Vibration Digest,1998,30(2):91-105.

[139] Choi S, Stubbs N.Damage Identification in Structures Using the Time-domain Response [J].Journal of Sound and Vibration,2004,275:577-590.

[140] Xu Z D, WU Z S.Energy Damage Detection Strategy Based on Acceleration Responses for Long-span Bridge Structures[J].Engineering Structures,2007,29:609-617.

[141] 李忠献,杨晓明,丁阳.基于结构响应统计特征的神经网络损伤识别方法[J].工程力学,2007,24(9):1-8.

[142] Sohn H,Farrar C R.Damage Diagnosis Using Time Series Analysis of Vibration Signals [J].Institute of Physics Publishing,2001,10:446-451.

[143] 王真,程远胜.基于时间序列模型自回归系数灵敏度分析的结构损伤识别方法[J].工程力学,2008,25(10):38-44.

[144] 王振龙,胡永宏.应用时间序列分析[M].北京:科学出版社,2009.

[145] 王凯.基于时间序列分析的桥梁损伤预警研究[D].西安:长安大学,2008.

[146] 杨叔子,吴雅,轩建平,等.时间序列分析的工程应用[M].武汉:华中科技大学出版社,2007.

[147] Farrar C R,Duffery T A,Doebling S W,et al.A Statistical Pattern Recognition Paradigm for Vibration-based Structural Health Monitoring[C].The 2nd International Workshop on Structural Health Monitoring,Stanford,CA,1999.

[148] 耿修林.基于主成分原理的多元质量控制图的构造[J].数理统计与管理,2007,26(1):106-111.

[149] Michael, Fugate J. Vibration-based Damage Detection Using Statistical Process Control [J].Mechanical Systems and Signal Processing,2001,15(4):707-721.

[150] Kullaa J. Damage Detection of the Z24 Bridge Using Control Charts [J]. Mechanical Systems and Signal Processing,17(1):163-170.

[151] Wang Z G,Ong K C G.Structral Damage Detection Using Autoregressive-model-incorporating Multivariate Exponentially Weighted Moving Average Control Chart[J].Engineering Structures,2009,31:1265-1275.

[152] 孙宗光.大跨度斜拉桥结构的动力损伤检测[D].杭州:浙江大学,2001.

[153] 杨燕.基于主分量和独立分量分析的结构信号处理和损伤识别研究[D].武汉:武汉理工大学,2008.

[154] Worden K, Manson G, Fieller N R J. Damage Detection Using Outlier Analysis [J]. Journal of Sound and Vibration,2000,229(3):647-667.

[155] Sohn H,Farrar C R,Hunter N F,et al.Structural Health Monitoring Using Statistical Pattern Recognition Techniques [J]. Transactions of the ASME, December 2011, 123: 706-711.

[156] 于秀林,任雪松.多元统计分析[M].北京:中国统计出版社,1999.

[157] Sampaio R P C,Maia N M.Damage Detection Using the Frequency-response-function Curvature Method[J].Journal of Sound and Vibration,1999,226(5):1029-1042.

[158] Park N G,Park Y S.Damage Detection Using Spatially Incomplete Frequency Response Functions[J].Mechanical Systems and Signal Processing,2003,17(3):519-532.

[159] Zhang H,Schulz M J,Ferguson F.Structural Health Monitoring Using Transmittance Functions[J].Mechanical Systems and Signal Processing.1999,13(5):765-787.

[160] Manson G,Worden K Experimental Validation of a structural Health Monitoring Methodology:Part III.Damage Location on An Aircraft Wing[J].Journal of Sound and Vibration, 2003,259(2):365-385.

[161] 李德葆,陆秋海.工程振动实验分析[M].北京:清华大学出版社,2004.

[162] Johnson T J.Analysis of Dynamic Transmissibility as a Feature for Structural Damage detection[D].West Lafayette:Purdue University,2002.

[163] 万永革.数字信号处理的 MATLAB 实现[M].北京:科学出版社,2010.

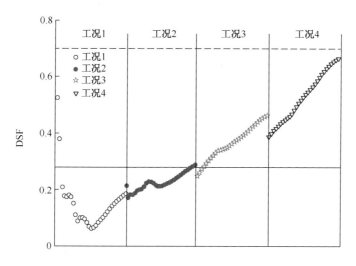

图 3.5　不同温度下损伤识别结果

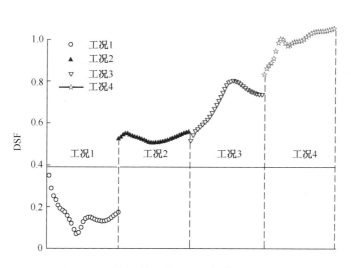

图 3.6　降低环境温度影响后损伤识别结果

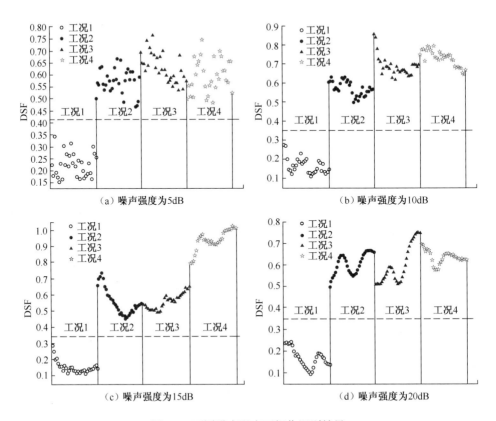

图 3.7 不同噪声强度下损伤识别结果

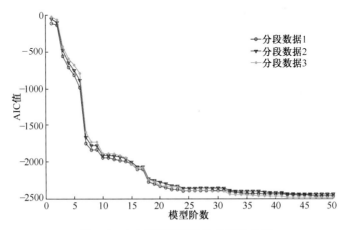

图 4.6 AIC 值随模型阶次的变化曲线

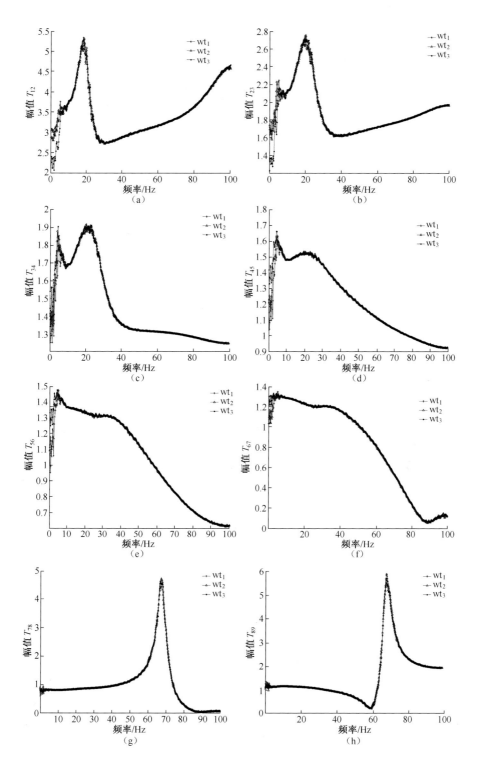

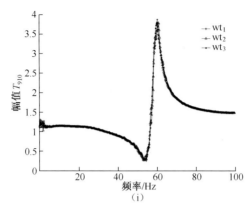

图 5.3　不同激励下各振动传递率的变化

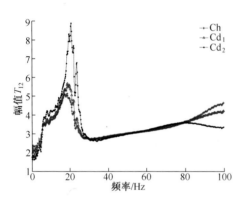

图 5.4　不同结构状态下 T_{12} 幅值

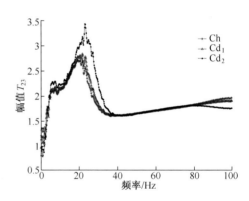

图 5.5　不同结构状态下 T_{23} 幅值

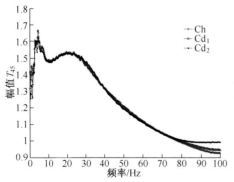

图 5.6　不同结构状态下 T_{45} 幅值

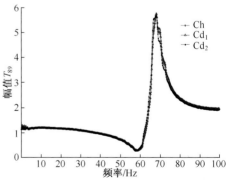

图 5.7　不同结构状态下 T_{89} 幅值

彩 4